董彬 王国祥 马杰 著

淡水附植生物的组成结构特征及其生态功能

化学工业出版社

·北京·

　　本书以淡水生态系统中水生植物茎叶表面的附植生物为研究对象，围绕附植生物的组成和结构特征、生态功能、影响因素及应用五个部分进行了深入研究，阐述了典型水生植物附植生物的组成成分、空间结构及时空变化特征，揭示了富营养化水体中附植生物的生态功能，探讨了生物与环境因素对附植生物的影响机制，分析了附植生物的应用，并提出了一些新认识和见解。

　　本书具有较强的知识性和针对性，可供从事水环境生物学、淡水生态学、环境保护、水环境生态修复等的科研人员、技术人员参考，也可供高等学校环境科学与工程、生态科学及相关专业师生参阅。

图书在版编目（CIP）数据

淡水附植生物的组成结构特征及其生态功能/董彬，王国祥，马杰著．—北京：化学工业出版社，2018.10
ISBN 978-7-122-32941-7

Ⅰ.①淡…　Ⅱ.①董…②王…③马…　Ⅲ.①淡水生物-研究　Ⅳ.①Q178.51

中国版本图书馆 CIP 数据核字（2018）第 200967 号

责任编辑：刘兴春　刘　婧　　　　　　　　文字编辑：汲永臻
责任校对：杜杏然　　　　　　　　　　　　装帧设计：关　飞

出版发行：化学工业出版社（北京市东城区青年湖南街 13 号　邮政编码 100011）
印　　装：中煤（北京）印务有限公司
710mm×1000mm　1/16　印张 14½　字数 210 千字　2018 年 12 月北京第 1 版第 1 次印刷

购书咨询：010-64518888　　　售后服务：010-64518899
网　　址：http://www.cip.com.cn
凡购买本书，如有缺损质量问题，本社销售中心负责调换。

定　　价：85.00 元

前　言

　　水体富营养化已成为影响全球水质量的重要问题之一，这种现象经常伴随着浮游藻类的暴发和大型水生植物的衰退。大型水生植物作为一个功能群，在淡水生态系统中占有独特的生态位，在改善和提高水环境质量方面发挥着关键作用。水生植物在维持水体的清水稳态、为水生动物微生物提供栖息地和食物、维持生物多样性、稳定底质、调控生态系统的生物地球化学循环、提供健康生态服务功能、调节湿地水文情势等方面具有重要的生态功能。在富营养化浅水水体中，水生植物茎叶表面常附着一层由藻类、微生物、菌胶团、碎屑等组成的厚度不等的褐色物质（附植生物），形成了特殊的生物-水微界面。在过去的几十年里，研究者们先后对水生植物上的附着藻类、附着细菌产生了浓厚的兴趣，研究活动颇多。但由于研究技术的限制，对附植生物的研究仍不够深入和系统。

　　由于附植生物复杂的物质组成和存在氧化还原异质微环境，光合作用和许多异养过程都可能在附着层内发生，因此，附着层内化学物质的产生、转移转化、循环过程非常活跃，可以说是理化性质的突变区，与水中和沉积物中存在很大差异。附植生物与水体和植物之间发生的理化、生物反应将对其附近的物质产生重要影响。近年来，随着新兴技术的发展，高分辨率微电极技术、扫描电镜和元素分析技术、同位素示踪技术、分子生物学技术等技术的应用，为揭秘深奥而又难以探测的附植生物微生境提供了理想工具，使得附植生物的研究更加微观和细致、原位和多维，使得附植生物生态学的研究有了突飞猛进的发展。

　　本书以淡水生态系统中水生植物茎叶表面的附植生物为研究对象，围绕附植生物的组成和结构特征、生态功能、影响因素及应用五个部分进行了深入研究，阐述了典型水生植物附植生物的组成成分、空间结构及其时空变化特征，揭示了富营养化水体中附植生物的生态功能，探讨了生物与环境因素对附植生物的影响机制，分析了附植生物的应用，并提出了一些新认识和见解。本书的特点是以富营养化水体中典型水生植物为例，运用翔实的实验数据从微生境角度对附植生物的结构、功能及其动态变化进行微观分析，并对水生植物-水微界面过程和机制进行探讨，以期丰富和完善附植生物生态学的知识体系，可供从事水环境生物学、淡水生态学、环境保护、水环境生态修复等方面的科研人员、技术人员和高校师生参考。

本书内容主要是在国家自然科学基金（41173078，41603071）和引进人才科研启动经费支持下完成的（LYDX2016BS074）。

本书内容由绪论、附植生物的组成和结构特征、生态功能、影响因素及应用5章组成。具体编写分工如下：第一章，第二章的第一节、第三节、第四节、第五节、第六节，第三章及第四章由董彬著；第二章第二节、第七节和第八节由马杰著；第五章由王国祥、董彬著。全书最后由董彬统稿、定稿。

限于作者研究水平和有些研究内容尚在研究发展阶段，书中难免存在不妥和疏漏之处，恳请各位专家、学者和读者批评指正。

编著者

2018 年 6 月

目 录

第一章 绪论

第二章 水生植物附植生物组成和结构特征

第三章　附植生物的生态功能

第四章　附植生物的影响因素

第五章　附植生物的应用

参考文献

第一章　绪　论

第一节　淡水生态系统中的附着生物

一、附着生物的概念及分类

（一）附着生物的概念及发展

附着生物一词源于英文"periphyton"，国内文献多将其翻译为"附着生物""着生生物""周丛生物""着生藻""附生藻"等，在国外文献中，periphyton 和德语 aufwuchs 通用。苏联生物学家 Dachnowski-Stokes 第一个用"periphyton"描述生长在放置于水中的人工基质上的微小生物，到 1928 年，该词便经常出现在欧洲和亚洲文献中，当时指生长在任何浸水基质上的所有生物（Weitzel，1979）；到 20 世纪 30 年代，"periphyton bacteria"在美国用来指从浸水玻片上采集的细菌；1945 年，Young 首次给附着生物下了定义，附着生物是指生长在浸没于水中的各种基质表面上的有机集群，由于悬浮颗粒也沉淀在基质上，故这些有机体往往被一层黏滑的甚至毛茸茸的泥沙所覆盖（刘健康，1999）。1962 年，Sladeckova 给附着生物的定义包括在基质上生长的所有生物，如细菌、真菌、藻类、原生动物、轮虫、鱼卵等。1975 年，Wetzel 提出的定义则仅限于附着藻类，即附着在基质表面的藻类群落，1983 年，他又对该定义进行扩展，即为附着在基质上的微生物群落，包括藻类、细菌、真菌、动物、有机或无机碎屑物等，着生基质可以是有机或无机物，具有生命或是非生命的（Wetzel，1983）。1985 年，丹麦淡水生物学者 Sand-Jensen 等指出，附着生物群落是指水生植物表面的细菌、藻类、真菌和水生动物等多种生物的集合体（Sand-Jensenet al，1985）。随着相关基础研究及应用研究的深入和广泛开展，对附着生物的概念理解也发生了一些变化。在水质净化技术研究中，附着生物常被定义为着生在无机基质或水生植物表面的垫状或层状藻类群落（Doren et al，1996；William et al，2001），而在水质监测和水生态系统修复研究中，则更多地被定义为着生在有机或无机基质上的各种藻类群落和有机质、泥沙、菌胶团等的集合（Jones et al，1999；Jeffrey et al，2004；Viset al，2006）。

综上，我们可以给附着生物做如下定义：附着生物是指水环境中主要由附着藻类、附着动物、细菌、真菌、有机碎屑、菌胶团、泥沙等组成的集合体。

（二）附着生物的分类

1. 根据附着基质不同，附着生物分类

描述附着生物的术语很多，这些术语的范围与附着生物群落本身一样多。根据附着基质的不同，可将附着生物分为附岩生物、附泥生物、附植生物、附动生物、附木生物、附砂生物等。

（1）附岩生物　生长在岩石表面（epilithic）上的附着生物称为附岩生物。

（2）附泥生物　生长在泥或底泥表面（epipelic）上的附着生物称为附泥生物。

（3）附植生物　生长在植物表面（epiphytic）上的附着生物称为附植生物。

（4）附动生物　生长在动物表面（epizoic）的附着生物称为附动生物。

（5）附木生物　生长在木头上面（epidendric）的附着生物称为附木生物。

（6）附砂生物　生长在砂表面（epipsammic）的附着生物称为附砂生物。

2. 附着基质分类

附着基质可分为人工基质和天然基质。

① 人工基质的优点主要是：易于操作，可方便地安装在水中不同的深度；可以设置足够多的重复；易于采样。合适的人工基质可成功应用于多种研究，如附着生物定殖速率、群落相互作用、环境变量的影响和环境因子的比较等。但人工基质由于有惰性，在精确模拟自然条件尤其是生物量和生产估计非常重要的自然条件下可能不太适用。因为在同样的水环境条件下，人工基质上附着生物群落与天然基质存在差异，但也有学者认为不存在差异。

② 天然基质如水生植物由于具有生物活性，许多研究也都是在天然基质上进行的，取样通常牵扯到分离附着生物前去除水生植物。这种去除可能涉及松散的附着生物的损失，因此，最好的办法是在水下把水生植物围起来再采集。相应地，植物上的附着生物通常用附着的单位植物面积或单位植物干重来表示。

附着生物中，附着硅藻由于有很高的繁殖率和很短的生命周期，能够对周围的理化因子及生态环境变化进行快速响应，已被广泛用于河流及湖泊的水质生物监测。附着硅藻有"面着生"（plane-attached）和"点着生"（piont-attached）两种附着方式，以"面着生"为主。从外观上来看，面着生附着硅藻像是一层黄褐色的黏质藻垫，并且这种藻垫在水下的各种基质表面上附着。一方面，由于其所处的边界层流速较慢且紧贴在基质上，因此可防止急流导致的机械折断；另一方面，"面着生"硅藻还具有抗牧食性的特点，由于其他藻类的覆盖，在营养和光照方面能够限制它们的生长。"点着生"的藻类，如生长在流速较慢的基质上的针杆藻属（*Synedra*），就是一种较早生长在"面着生"藻类上方的藻类，伴随着群落的不断发展，有柄的硅藻能够在点、面方式着生的藻类之上生长，并且能够最大程度地利用光照和营养，相对于下层生长方式，它们在资源的利用方面更具有竞争力。

二、 附着生物的结构组成

淡水环境中的附着物主要含有矿物质、金属氢氧化物、腐殖质、纤维素、藻类、微生物、有机无机复合物等物质，物质的粒度主要在纳米至微米级之间，由于浸没在水体中，这类物质通常具有凝聚、吸附、络合、降解、光合作用、生物降解、分解等界面作用，它们在水体中的物理、化学和生物学特性往往是决定微界面体系特征的基本因素。

附着物结构是指细菌、细胞群、胞外聚合物（extracellular polymers，EPS）、颗粒物等物质的空间排列（图 1-1）。在不同水环境中，附着物的结构存在较大差异。由于结构可影响运输阻力，因此，其对附着生物活性来说是一个重要的决定性因素。由于附着物厚度往往不到几毫米，对其结构分析主要依靠微观技术，如光学显微镜（light microscopy，LM）、荧光显微镜（fluorescence microscopy，FM）、扫描电子显微镜（scanning electron microscopy，SEM）、环境扫描电子显微镜（environmental scanning electron microscopy，ESEM）、透射电子显微镜（transmission electron microscopy，TEM）、激光扫

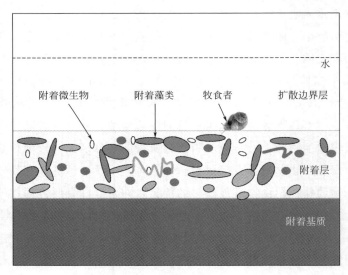

图 1-1　附着物结构示意图

描共聚焦显微镜（confocal scanning laser microscopy，CSLM）和原子力显微技术（atomic force microscopy，AFM）。利用微观技术观察发现，附着生物存在异质性。附着生物并不是平的，而且其内各种物质成分的分布也是不均匀的，其复杂的结构中存在孔隙、空洞、槽和成簇的细胞等。影响附着生物膜结构

的因素主要有水动力、水质、水环境因子、基质特性等。描述物质迁移转化、附着生物附着过程的数学模型主要是基于概念模型。目前，对附着生物膜结构的原位观测和研究还相对较少，对附着物中的附着藻类和微生物研究较多，对其他成分如非生物成分及其功能的研究尚比较欠缺，如对胞外聚合物 EPS 的实际组成、理化特征还了解甚少。由于附着生物膜与膜内的许多过程（如附着、脱落、牧食等）、特性相联系，因此对附着生物膜结构组成和功能的研究非常必要。

三、 附着生物的生态功能

附着生物在水体中广泛存在，其固着的特性对水生态系统中污染物具有重要的监视作用；在活性污泥法处理生活污水、曝气处理地下水污染、去除污染物等方面具有独特的优势；在养分循环、养分迁移过程中也发挥着重要作用。

1. 对水生态系统的初级生产具有重要贡献

在河流和湖泊中，附着生物是主要的初级生产来源，为多种脊椎动物和无脊椎动物牧食者提供高质量的食物。表 1-1 为淡水生态系统中附着生物的初级生产力。附着生物的年初级生产力可占总初级生产力的 1%～87%。在很多水体中，附着藻类对总初级生产力的贡献比浮游植物大很多。在池塘中，附着藻类的年初级生产量也可以达到总初级生产量的 50%以上[约 $1.7gC/(m^2 \cdot d)$]（Azim et al，2002a）。在对比附着藻类的初级生产力的实验中，附着藻类的生物量在浑浊水体中占总初级生产力的 96%，在清澈水体中附泥藻类也占到 77%（Liboriussen，Jeppesen，2003）。这些差异可能主要是由不同的水体环境如光照强度、营养盐浓度、牧食者种类和数量的不同等造成的。由于基质类型对附着生物的初级生产力和生物量有重要影响，本书只统计了天然基质上的附着生物初级生产力。

从表 1-1 中可以看出，在低营养水平的淡水生态系统中，附着生物的初级生产力与浮游生物的相似，甚至超过了浮游生物的初级生产力，由此可见附着生物在淡水生态系统中的重要性。

表 1-1　淡水生态系统中附着生物的初级生产力

河流/湖泊	地点	营养状态	浮游生物初级生产力/[gC/(m²·a)]	附着生物初级生产力/[gC/(m²·a)]	对总初级生产力的贡献/%	来源	备注
Ikroavik lake	美国阿拉斯加州	贫营养	2.2	2.3	51.1	Stanley, 1976	无大型水生植物
Lake 18	加拿大西北	贫营养	5.2	33.7	87	Ramlal et al, 1994	
Wingra	美国威斯康星州	富营养	438	3.1	1	McCracken et al, 1974	
Paul	美国密歇根州	贫营养	42	139	76.8	Vadeboncoeur et al, 2001	无大型沉植物型水
West	美国密歇根州	贫营养	40	154	79.4	Vadeboncoeur et al, 2001	沉植物型水
East	美国密歇根州	贫营养	62	64	50.8	Vadeboncoeur et al, 2001	沉植物型水
Peter	美国密歇根州	贫营养	77	150	66.1	Vadeboncoeur et al, 2001	沉植物型水生植物
Kalgaar	丹麦	贫营养	24.1	0.5	1	Søndergaard and Sand-Jensen, 1978	
Mirror	美国新汉普郡	贫营养	29	2.1	6	Likens, 1985	
Lawrence	美国密歇根州	贫营养	43	40	23.4	Wetzel et al, 1972	
Eagle	美国加利福尼亚	富营养	117	14.2	10.8	Huntsinger, and Maslin, 1976	无大型水生植物
Lake 240	加拿大安大略湖	贫营养	50	0.9	1.7	Schindler et al, 1973	
Lake 239	加拿大安大略湖	贫营养	82	0.81	1	Schindler et al, 1973	
Myvatn	冰岛	富营养	60	270	71.1	Jónasson et al, 1990	
Esrom	丹麦	富营养	170	35	15.6	Jónasson et al, 1990	

续表

河流/湖泊	地点	营养状态	浮游生物初级生产力/[gC/(m²·a)]	附着生物初级生产力/[gC/(m²·a)]	对总初级生产力的贡献/%	来源	备注
Thingvallavatn	冰岛	贫营养	67.5	29	27.2	Jónasson et al，1990	
Batorind	白俄罗斯	富营养	177	4.3	2.3	Westlake，1980	
Kievd	乌克兰	富营养	81	97	52.6	Westlake，1980	
Myastrod	白俄罗斯	富营养	158	10	5.7	Westlake，1980	
Krasnoyed	俄罗斯	中营养	106	14	10.3	Westlake，1980	
Mikolasjskied	波兰	富营养	226	18.7	7.3	Westlake，1980	
Narochd	白俄罗斯	中营养	48	50	48.1	Westlake，1980	
Paajarvi	芬兰	贫营养	26	1.8	6.3	Westlake，1980	

2. 在食物网中的作用

附着生物与浮游生物一样，是淡水生态系统中无脊椎动物食物的一个主要来源，由于它具有较高的周转率，即使其生物量低，附着生物群落也是一种重要的食物资源（McIntireet al，1996）。附着生物进入食物网的途径有很多。常见的附着生物的牧食者有蜗牛（snails）、切翅泥苞虫（caddisflies）、摇蚊（chironomids）和蜉蝣（mayflies）等，一些附着在植物上的浮游动物也是附着生物的牧食者。牧食者对附着生物有很强的下行效应（top-down effect）。对湖泊中蜗牛-附着生物-水生植物相互作用的研究较多（Carpenter，Lodge，1986；Brönmark et al，1992；McCollum et al，1998；Jones et al，1999；Jones et al，2000b），蜗牛可明显降低附植生物的生物量，因此对水生植物有潜在的益处。切翅泥苞虫是湖泊中另一种牧食者，它们可以降低岩石、木头和沉积物上附着生物的丰富度和生产力（Cuker，1983）。摇蚊也依赖于附着生物，当往中型实验系统中加入养分时，系统壁上的附着生物积累与摇蚊的密度与养分添加呈正相关（Blumenshineet al，1997）。另一项中试研究表明，摇蚊对系统壁上的附着生物有很强的下行抑制作用（Mazumder et al，1989）。在营养盐有效性较高的清水态或者富营养化湖泊生态修复过程中，通过牧食者的下行效应，可以有效地控制附着藻的生长和发展，利于沉水植物的生长以及生态修复过程中沉水植物群落的重建。

3. 作为监测水质的指示器

人类对附着生物最普遍的一个影响是无机养分的过量输入对初级生产

的刺激。由于附着生物具有比其他群落更丰富的物种，且不同的藻类有不同的环境耐受性和喜好性，为环境监测提供了丰富的信息；附着生物有比较短的生命周期，对环境的变化可产生快速的反应；附着生物易于鉴定、监测结果更准确和更具预见性等，可作为理想的水质监测材料（Stewart et al，1985）。

附着生物的生物量、多样性指数、生物学指数和种类构成以及附着藻类的群落大小、结构均可作为水质指示器（Vis et al，1998；Hill et al，2000）。Vis 等（1998）通过对加拿大魁北克 St Lawrence 河研究发现，附着生物的群落种类构成尤其是蓝藻门织线藻属（*Plectonema notatum Schmidle*）的出现与城市废水显著相关，可作为该区水质的指示器。

很多学者用硅藻指数来指示水体富营养化和水体污染程度（Hill et al，2000；吕亚红，顾咏洁，2002）。由于不同种类的硅藻对水质的适应能力各不相同，当水体理化条件改变时，生活在这些水体中的硅藻群体会产生相应的变化，可能更加繁盛，可能衰亡，也可能被新的硅藻群落所替代。硅藻的这一特性已成为对江、河、湖、海等水体水质监测的重要依据，它的绝对丰度、种类和数量的变化能很好地反映水质变迁和水质现状。Cattaneo 等报道了附着硅藻在生物量、生物多样性以及群落结构等方面能够很好地指示湖泊富营养化和监测水质。当附着硅藻群落发展成熟时，能够积极响应环境变化，例如营养水平、气候等，同时能方便有效地监测环境和水质变化。附着硅藻的建群特征一方面反映静水水体受污染时的状况；另一方面也反映了不同水体及不同水域的水质情况。张子安（1987）研究了珠江流域北江水系的着生硅藻与水质的关系，杨红军（2002）、廖祖荷（2003）利用着生藻类分别监测了黄浦江、苏州河水环境质量。顾咏洁等（2005）通过对苏州河 8 个断面着生生物在不同季节的种类组成、优势种密度、群落结构与水质的关系研究，发现水体中氮、磷（P）含量分别与附着生物多样性指数、均匀度指数、藻类密度和总生物量四项指标呈显著负相关，结果表明着生生物群落结构的变化能反映水环境质量的变化。Cejudo-Figueiras 等（2010）证实了可用附植硅藻作为浅水湖泊营养水平的生物指示器。Hill 等（2010）用附着生物作为长期生物监测计划的一部分，高浓度养分进入 East Fork Poplar Creek 与高附着生物生产有关，从而将河流置于正常营养状态。

4. 降低水体养分含量， 去除污染物

附着生物的生长从周围环境中摄取大量的养分，降低了水柱中营养盐的浓度。张强和刘正文（2010）发现附着藻类群落可有效降低湖水的磷浓度。陆红等（2011）发现在静态水体条件下，组合人工介质富集附着生物对于 NH_4^+-N、TN、TDN、NO_3^--N、TP、TDP 和 PO_4^{3-}-P 的平均去除率分别为 98.90%、45.15%、42.78%、38.13%、76.18%、80.11% 和 87.02%。宋玉芝等（2009）通过附着生物对富营养化水体氮磷去除效果的研究发现，半个月内，附着生物对水体总氮的累积去除率可达 60%，有附着生物的水体中总氮浓度从 5mg/L 左右下降到 2mg/L 左右，附着生物对水柱中氮的累积去除率与水柱中氮的浓度、附着生物的生物量以及附着生物作用时间密切相关。反硝化作用是去除富营养化水体中氮的主要过程。沉水植物给硝化细菌和反硝化细菌提供较大的附着表面，是比沉积物和水体更重要的反硝化作用位置（Reddy，de Busk，1985；Eighmy，Bishop，1989；Körner，1997，1999）。Eriksson 等通过对沉水植物铺散眼子菜 *Potamogeton pectinatus* var. *diffusus* 和底泥表层反硝化速率的研究，发现沉水植物表面附着物的反硝化脱氮作用非常可观，与水-沉积物界面的反硝化作用相当（Eriksson，Weisner，1999），Cooke（1994）也发现超过 60% 的 NO_3^--N 是通过附着藻类的反硝化作用去除的。Toet 等（2003）亦发现伊乐藻生长季节附着生物生物量和反硝化作用速率下降，伊乐藻附着生物层的反硝化作用速率为[14.8～33.1mgN/(m^2·d)]，明显高于沉积物[0.5～25.5mgN/(m^2·d)]和水体[0.4～3.9mgN/(m^2·d)]，可见附着生物层是比沉积物和水体更重要的反硝化作用位置。

为维持长期生长，附着生物群落需从外部资源吸收养分以弥补损失。密集的着生生物层和生物膜养分循环可从外部养分资源暂时解开附着生物。内循环不能无限地维持附着生物，但在较短的时间尺度上效率还是比较惊人的（Mulholland et al，1995；Steinman et al，1995）。室内附着生物群落中，循环占磷（P）吸收的10%～70%，P周转是每天15%（Mulholland et al，1995；Steinman et al，1995）。附着生物可能从多种资源同

时获得养分。观察到的养分垂直梯度和附着生物群落内的酶活性表明表面细胞依赖于水柱养分，而基质内细胞则依赖于底泥养分和循环（Wetzel，1993；Mulholland，1996）。

附着生物是一个由多种生物构成的复杂共生系统，其中的一些种类可以降解有机化合物。Azim（2009）发现附着生物群落自身产生的有机物可在群落内部得到降解。吴永红等（2010）发现附着生物快速去除微囊藻毒素在潜在的适应阶段主要是由于吸附，此后是生物降解起作用。酚类化合物是一种常见的污染物，这类化合物的代谢降解与微生物体内的氧化酶有关。

附着生物积累金属的研究较多。Bere 等（2012）发现野外条件下三价铬（Cr^{3+}）和二价铅（Pb^{2+}）影响热带河流中附着生物群落中镉（Cd^{2+}）的毒性。降雨过程中，重金属浓度存在动态变化，附着生物中 Cd^{2+} 含量与水体中 Cd^{2+} 的浓度密切相关，降雨事件过后，附着生物中 Cd^{2+} 含量比水体中降低的速度要慢，表明有重金属积累过程。有些绿藻如 *Chlamydomonas reinhardtii* 具有强大的吸收金属的能力，因此具有去除污水中重金属的潜力。附着硅藻也能够吸收离子态金属。附着生物对溶解金属的吸收是分为两个步骤的。第一个步骤，吸收过程是被动的，包括胞外聚合物吸附、细胞表面吸附。这个过程迅速、时间短且没有代谢和能量提供，附着硅藻只是简单地把重金属吸附在细胞表面上。在这种情况下，可以用蒸馏水洗掉细胞上的一部分金属。第二个步骤，吸收过程是主动的，即细胞内吸附或吸收，这个过程是缓慢的且需要代谢活动的参与，同时也是吸收重金属的主要途径（Holding et al，2003）。

四、 附着生物的影响因素

由于附着生物是细菌、真菌、藻类、动物等高度动态的聚集体，而且附着在各种类型的基质上，所以，研究相关的物理、化学和生物因素是如何影响附着生物的是非常困难的。这些因素常常综合起来调控附着生物，通常在附着层外部的水中测定，因原位监测由于受技术的限制非常不便。这些因子对不同类型基质上附着生物的影响存在差异，进而对附着生物产生影响。如许多沉水植物持续产生新组织并脱落旧组织，附着生物密度随植物组织年龄增长的变化速率又对水体无机养分负荷比较敏感。淡水生态系统中，影响附着生物的环境因子可分为水体生态系统的内部环境因子和区域尺度上的外部环境因子。区域尺度上的非生物因素在不同水体间可表现出年际变化同步性，而水体特有的内部环境因子却往往抑制并减弱了区域尺度上的外界因子对附着生物多样性的作用。因此，综合评价环境因子对附着生物的影响非常重要。在区域尺度上的外来补水改变着湖泊营养盐、理化因子状态的同时，也改变了湖泊内部食物网的组成，并不断将区域尺度上的细菌群落输送至湖泊内部，影响着湖泊系统内部细菌群落的组成和多样性。影响附着生物多样性的水体内部环境因子主要包括湖泊的形态特征（如湖泊的大小和深度）、物理化学特征（如温度、pH 值、盐度、无机营养盐等）、有机质（DOM）的浓度和类型以及食物网的组成和物种间的相互作用。附着生物群落组成和多样性随湖泊深度的变化与环境异质性密切相关，例如：光照、溶解氧和温度随着水深增加而下降；水体初级生产力、营养盐浓度等也沿着水深而发生相应的变化。

1. 水动力

附着生物种类组成与水流动力条件之间的关系是附着生物生态研究的经典问题之一。水动力是重要的影响因子，如可影响附着生物的生长、生产力、累积和群落结构。早期有关水动力对溪流底栖附着藻类群落的影响的研究较多。溪流中附着生物群落的形成可分为迁入（包括繁殖体传播和定居）和迁入后（包括生物量自然增长和群落外貌的变化）两个阶段。开始阶段，附着生物群落的发育主要受水柱中繁殖体组成、丰度和定居速度的影响。细胞分裂和脱落为水柱创造了稳定的繁殖体流，而洪水通过使繁殖体增加脱落和破碎以及稀释明显改变溪流中繁殖体组成和丰度。附着生物单纯依赖流速的传播的研究较少，而有关水流水平和附着生物繁殖体丰度、多样性、定居之间关系的研究则非常缺乏。有几项研究报道了附着生物定居速率与自由流或近河床流速之间的负相关关系，但这些关系能否反映出高剪切力下繁殖体低附着率或定居后高脱落率尚不清楚。一旦附着生物定居，附着生物生物量与自由流速之间的关系就是多样的，有些情况下生物量随流速的增加而增加，而有的情况则不是。一般来说，生物量-流速的关系是单一的，生物量最初随流速增加，因为可以增加养分供给，然后降低是因为脱落（Biggs et al，2005）。

在一定的流速范围内，有的附着生物有确定的生态位，而有的物种则可在较宽的流速范围内定居。许多肉眼可见的藻类在流速大于20cm/s时定殖良好，而能在流速大于100cm/s环境下较好生长的非常少。不同附着生物种类有不同的流速生态位，这可能有助于解释自然水环境中附着生物不均匀分布的现象。这种受流速影响形成的分布被其他因素如基质、养分浓度、光照的改变还有待深入研究。

附着生物群落不断地与水动力环境相互作用。随着群落结构的变化，它们可以改变河床粗糙度和近河床的流速和湍流。反过来，流水的拖曳力量也会改变群落结构。连续的反馈可能会达到一个平衡状态：最高和最粗糙的附着生物群落由局部的水动力条件决定。对群落来说，水动力超过这个最大值，拖曳力将超过固着力，故导致附着生物脱落。在以往的研究中，多数研究使用水动力可控制的人工溪流，这种水动力条件可通过调整坡度、泵速和增加粗糙度实现。而且，在附着生物-水流相互作用的研究中，大多数使用的是自由流。然而对研究目的来说，自由流并不是最合适的水动力测量指标，它包括预测的附着生物生物量和阻止附着生物增殖的规定的流。附着生物经受的水力应该在近河床区测，这里栖息着附着生物，而且从空间上来说与所研究的生态特征相对应。因此，今后在附着生物-流速关系研究中，应提高生物学和水动力测定中相应的尺度的精确度和准确度。鼓励生态学家采用更多的水动力相关的变量进行研究。

2. 光

许多附着生物是光能自养的，它们利用太阳能将能量和可溶性无机碳（DOC）转化为糖类。有些附着生物则营光能异养或化能异养。光能自养的养分同化是由碳化合物中的化学能催化的，而产生这些化合物是需要光能的。所以，养分限制经常在高光照条件下检测到而很少在低光照条件下发生（Larned，Santos，2000；Greenwood，Rosemond，2005）。在淡水生态系统中，光照主要体现在两个空间水平，光照随着水体深度的增加而减弱，也会随着进入附着生物内部的深度而削弱。光照随着深度的增加而减弱主要是受悬浮固体的影响。很多研究者指出，光照的深度梯度强烈影响着附着生物的群落组成，大多是在自然环境下进行的，但在其他因素保持不变的情况下，控制水体的光照质量或数量很难（Hudon，Bourget，1983；Marks，Lowe，1993）。附着生物随着深度梯度受光照调节而形成群落结构和功能上的差异。Hudon 和 Bourget（1983）发现附着生物群落结构、外形和密度依赖于深度和光照强度。附着生物群落自身也可以强烈地减弱光照，能够极大地改变到达宿主植物的光照质量（Losee，Wetzel，1983；van Dijk，1993）。Hoagland 和 Peterson（1990）在一个大水库中通过改变基质的深度研究了附着生物群落，也发现附着生物群落的种类受深度影响，但是光照和干扰随着深度共同产生作用的机制仍然不清楚。Marks 和 Lowe（1993）在贫营养湖泊（Flathead）采用遮光布控制光照，但是并没有发现附着生物群落的明显变化。兼性异养是附着生物群落能在严重光限制的条件下存活的一种机制（Tuchman et al，2006）。高浓度DOC 环境对异养是非常有力的，因此，兼性异养应该局限于黑暗、富DOC 的环境，如湖泊沉积物和密集的附着层内部。

　　岸边的树也会对附着生物产生遮阴。Hill 和 Dimick（2002）原位测定了树木异质性遮阴下附着生物的光合作用，报道了光辐射对光合作用效率、光饱和、光利用效率、色素浓度的非线性影响。严重遮阴的光能自养经历了一个光适应的生理过程，这种光适应是通过在低光水平下提高光合作用效率和降低最大光合作用的辐射需求实现的（Hill，1996）。在微空间尺度上，附着生物群落的三维结构可引起入射到群落内细胞上的光发生变化。随着附着生物密度和厚度的增加，垂直光衰减增加（Johnson et al，1997）。可以推测，在附着层底部的附着生物是适应遮阴的。研究者已发现附着层底部光合色素浓度较高，丝状附着层光合作用效率和附着层深度呈正相关（Tuchman，1996；Dodds，1992）。

　　光往往和养分对附着生物表现出协同效应。Fanta 等（2010）通过野外和室内实验发现，附着藻类养分含量由光和供附着藻类生长的溶解性养分的平衡决定。附着生物磷含量强烈地受光和溶解性活性磷（DRP）梯度的影响，磷含量随光的增加和水柱中磷的增加而降低。而且还发现，无论室内还是野外，DRP 对附着生物磷含量的影响比光的强，光的影响只有在室内河流中较低磷浓度时明显。Hill 等（2011）研究发现，增加光或磷的供应都能使附着生物初级生产力增加，细菌生物量下降，使河流从异养型转为自养型。光和磷表现出协同效应，光促进大硅藻增加，这使其能将高浓度的养分更高效地转化为初级生产，磷增加使非黏性种类代替了扇形藻属（*Meridion circulare*），这种代替能在光合作用中更有效地利用光。

3. 温度

温度是影响附着生物群落最重要的环境因子。附着生物与其他生物一样需要热能进行酶催化反应，热能不足将限制生长和其他生理过程。附着藻类光合作用和生长对温度变化呈单峰响应，同对光的响应一致（Graham et al，1995；O'Neal，Lembi，1995）。在 10～30℃ 范围内，温度与淡水藻类的最大光合作用和生长有关（Butterwick et al，2005），Eloranta 发现（1982）当温度大于 30℃ 时，多样性降低，几种绿藻、蓝藻和硅藻占优势。附着生物的经验模型亦表明光合作用速率在 5～25℃ 范围内随温度增加（Morin et al，1999），光-饱和光合作用与温度间呈正相关，增加 10℃ 变化率（Q10）≥2（de Nicola，1996）。Moore（1978）研究发现，伊利湖（Lake Erie）在 10℃ 以上时，附石群落从丝藻占优势到刚毛藻占优势的季节性变化主要由温度决定。Gruendling（1971）也在高于 15℃ 的浅水寡营养池塘的泥表面观察到了蓝藻。Hickman（1978a）发现在一些北部的浅水富营养池塘中，夏季蓝藻和绿藻的现存量会大量增加。温带湖泊的附着生物，如附石（Eloranta，1982）、附砂（Hickman，1978b）、附植（Klarer，Hickman，1975）的现存量通常在春季、夏末或秋季达到最高值；而在北极湖泊，通常在夏末出现一个最大值（Morre，1974）。

很多研究已表明，温度与其他因素如光照、牧食和干扰等之间季节性变化的关系使其解释变得复杂，沉积到附着生物群落中的浮游藻类细胞以及水化学对流的季节性作用也与湖泊的季节性温度变化相关（Wetzel，1983；Riber，Wetzel，1987）。Klarer 和 Hickman（1975）发现季节性温度变化和淡水附植群落种类组成之间的关系与其他研究的结果并不一致，认为温度可能起次要作用。Gons（1982）发现和温度相比，大型水生植物上附植群落的季节性变化与光照和浮游藻类沉积作用的关系更为密切。

Hoagland 等 （1982） 研究了附着生物在有机玻璃基质上的建群及演替时间的季节性差别，观察到的现象是综合了物理化学和生物学因素的季节性变化的结果。

4. 基质

附着生物生长在许多不同类型的基质上，如底泥、砂粒、岩石、植物、木头等。一些基质可对附着在其上的生物释放养分和影响附着生物的代谢。Hansson （1989） 证明由于扩散养分的吸收，附泥生物可明显降低水柱中养分的可用性，这种影响在贫营养湖中最明显。同样，Hagerthey 和 Kerfoot （1998） 证明地下水流入对威斯康星州贫营养的 Sparkling 湖附砂生物是一种重要的养分来源。室内实验亦证明了基质对附着生物生产力的影响能力，附木生物生产力仅为底泥上的 10%，而且附木生物对水体施肥的响应是正面的 （Vadeboncoeur，Lodge，2000）。因此，松散的底泥是附泥生物养分的重要来源 （Hansson，1988；Hagerthey，Kerfoot，1998；Hansson，1990），而硬表面基质如木头和岩石则不是 （Burknolder et al，1996；Vadeboncoeur，Lodge，2000），植物作为养分的来源则取决于湖泊的营养状态 （Burknolder，Wetzel，1990）。Gerda 和 Dijk （1993） 发现沉水植物上的附着生物生物量比人工基质上的高，其季节变化也较人工基质上的明显。

5. 养分

养分是附着生物生态学中研究最多的课题 （Rosemond，1993；Smith et al，1999；Hillebrand，2002；Jennifer et al，2003；Denicola et al，2006；Holomuzki et al，2010）。附着生物是水生态系统中的化学调节者，在其生长过程中能大量吸收基质和水体中的养分。附着生物需要大量的无机养分，包括碳、氧、氢、氮、磷、硅、钾、硫、钙、铁、铜和一些微量金属元素，少数异养种类还能够利用特殊的有机养分 （Cooksey，Coooksey，1988）。附着生物养分的研究通常集中在大量养分上 （如 N、P、Fe、Si），而对微量养分的研究较少 （如 Mo、B、Zn） （Pringle et al，1986）。Wetzel （1996） 认为附着生物是养分释放到水体中之前的重要吸收者，附着生物的生物量和其所处的营养状态随时空而变化。在超富营养化水体中，透明度较低，但附着生物比浮游藻类更能适应低光强的环境；在较高浓度的氮、磷和光照充足的情况下，附着生物的生物量能达到最大，对氮、磷的吸收和转化率也较高。其中，有利于附着藻类生长的 P 主要为可溶性有效磷（Hinebrand et al，1999），藻类可利用的 N 素常为可溶性无机态氮，如 NH_4^+-N、NO_3^--N 和 NO_2^--N 等。研究表明，适合附着藻类生长的最佳的 C∶N∶P（物质的量浓度比）为 119∶17∶1（Rodusky et al，2001；Tank et al，2003）。如果 N∶P<13 或 C∶N>10，则附着藻类表现出 N 限制，同时如果 N∶P>22 或 C∶P>280，则藻类表现出 P 限制（Hillebrand，Sommer，1999）。在富营养化水体中，附着藻类可表现出对营养元素的过量吸收，其对水体 PO_4^{3-} 的吸收速率可达 TP 的两倍以上（McCormick，1996）。硝态氮（NO_3^--N）的增加导致丝状藻的大量繁殖，将对水生植物的恢复产生影响（Irfanullah，Moss，2004；Cao et al，2004）。但丝状藻能消耗可利用氮源的 95%，磷源的 85%，其中附着生物所需氮源的 63% 来自内部的循环。这对降低水体的富营养化水平、增加水体透明度、水生高等植物的恢复、湖泊自净能力的提高、通过分泌一些抑藻物质抑制水华藻类的生长从而降低蓝藻水华暴发的频率具有重要作用（Wetzel，2001）。

实验性的养分添加通常是比检验养分浓度更为可靠的评价养分限制的方法。附着生物研究中养分添加法始于 Huntsman（1948），已经使用了 60 多年了。多数研究用养分扩散基质（NDS）法（可溶性养分从加富培养基释放到附着生物附着和生长的多孔基质上）。对淡水生态系统的营养处理表明，附着生物总生物量受磷、氮、碳以及氮磷共同作用的限制（Burkholder，Cuker，1991；Fairchild，Sherman，1992；Fairchild，Sherman，1992；Marks，Lowe，1989；Fairchild，Sherman，1992，1993；Jennifer et al，2003）。Fairchild 等（1990）认为，在贫营养型的软水湖泊中，单独增加氮或磷都不能明显提高附着生物的生物量，只有在碳含量较高的硬水水体中增加氮或磷才比较有效。同时，淡水生态系统中其他一些变量也会影响附着生物对营养资源的响应。Ferragu 和 De Campos Bicudo（2010）发现往巴西热带贫营养水库中施氮、磷，附着生物密度增加，群落中小个体附着生物增加。单独加磷促进了附着生物最高结构组织，加氮、磷促进了附着生物最高生物量，在演替高级阶段，附着生物的所有特征都明显受到添加养分的影响（Ferragu，de Campos Bicudo，2011）。Oliveria 等（2010）发现巴西南部超富营养热带水库在水体透明度低、溶解性活性磷和浮游生物生物量高的阶段，附着生物叶绿素 a 低，与浮游生物生物量呈反相关，主要受光的控制；在透明度相对较高、硝酸盐浓度高和浮游生物生物量低的阶段，附着生物生物量高，磷没有限制附着生物的生长。

在养分相对丰富的环境中，浮游藻类的增殖能够造成附着生物的遮阴，致使它们表现出光照限制而非养分限制（Hansson，1992）。Bjojk Ramberg（1985）在对瑞典亚北极区湖泊进行的全湖施肥实验正好也证明了这种现象。在对照湖泊 Stugsjon 中，不添加任何肥料时，仍保持较高密度的附着生物，贡献了整个湖泊初级生产力的 70%～83%，然而在Hymenjaure 湖中，增加了磷和氮后，附着生物对初级生产力的贡献从50%降到 22%，施肥后湖中的附着生物被浮游藻类所遮蔽。Russell 等（2005）研究发现，澳大利亚南部水体硝酸盐浓度增加可引起附植生物覆盖率增加。

6. pH 值胁迫

pH 值是决定湖泊细菌群落结构的关键因子。野外原位试验研究表明，湖泊水体中细菌群落结构和多样性随着水体 pH 值变化而发生显著变化。pH 值可以通过影响不同种类细菌的生长状况（绝灭、繁衍、种的形成等）（Langenheder et al，2006）直接影响多样性，也可通过影响湖泊生态系统中的其他环境因子来间接影响水体细菌群落的结构和多样性。

有关溪流和湖泊酸化的研究通常集中在人为的因矿坑排水和冶炼厂、发电厂释放的尘埃造成的影响。实际上存在许多自然的酸化源，如湿地流出、火山灰、黄铁矿风化等，但这些并未作为胁迫受到重视。天然的酸性淡水环境中栖息有嗜酸性附着生物（de Nicola，2000；Gross，2000）。由这些嗜酸性种类构成的附着生物群落有一些共有的生理特性，如高效的 C 吸收（为应对较低浓度的无机 C）对通过细胞膜流入的质子（一种富 H^+ 环境中的必需品）的耐受或抗性。在一些人为酸化的水体中，原来的附着生物群落经常被嗜酸的绿藻纲植物和硅藻小群落所替代。藻类多样性恢复和嗜酸性优势种的减少是酸化生态系统修复成功的指示器（Vinebrook，1996；Vinebrooke et al，2003）。水体酸化对藻细胞的直接影响尚不清楚，可能包括渗透胁迫和破坏细胞分裂。除了直接的毒性影响外，酸化还增加了对其他胁迫的暴露。溪流酸化经常伴随着金属溶解和随后在下游出现氢氧化物金属沉积。酸性淡水水体主要是可溶性 Fe、Zn、Ni、Hg、Al 等金属丰富。可溶性金属暴露潜在的不良影响包括膜通透性改变、抑制光合电子传输、金属-磷酸盐共同沉积（降低有效性磷）（Kinross et al，2000）。中度酸性溪流中被氧化的金属的沉积使许多附着生物种类消失，只生存少量的耐性种类（如 ulothrix、mougeotia、zygogonium）（Kleeberg et al，2006）。能耐受被氧化的金属沉积的这些藻类的性质尚不清楚，可能是生长速率超过了金属的沉积，或者是分泌黏液的鞘阻止沉积。

7. 紫外辐射

紫外辐射经常用于浮游生物生态的胁迫研究，但在附着生物生态学中研究较少。目前的 UVR 对水体自养生物的影响的知识主要来自浮游植物的研究。对附着生物来说，UVR 暴露随滨水遮阴、水深、可溶性和悬浮颗粒物的不同而不同。UVR 暴露还因附着生物群落演替状态而异，因其可产生自遮阴。这些多变的暴露使得实际尺度上 UVR 测定变得具有挑战性。在野外条件下，UVR 测定大多是用大光谱仪（大于 50cm）在附着生物表面进行的。在附着生物表面和附着层内部更实际的测定要求用微探针。UVR 对水生光合自养生物的影响的分子和生理学研究集中在对 DNA 和 D1（光合系统 2 的主要结构蛋白）的损害上。这些变化可降低生长速率，但 UVR 对附着生物生长的影响混合了实验结果。一些室内和野外研究发现暴露在 UVR 之下的附着生物生长受到抑制（Bothwell et al，1993；Kiffney et al，1997；Frost et al，2007），但有些野外研究发现附着生物生长未受到影响（Weidman et al，2005）。通常 UVR 对附着生物微弱的影响归功于保护性的 UVR 吸收化合物、UVR 诱导损害的快速修复、自我遮阴、光衰减以及太阳营养级联（solar trophic cascades）。当 UVR 因对食草动物产生不良影响而降低了附着生物因牧食的损失量时，太阳营养级联就会出现，补偿了 UVR 对附着生物的直接不良影响。随着附着生物生长，自然水平的 UVR 暴露看起来减轻了对附着生物种类组成的影响（Tank，Schindler，2004），这种影响不易被检测到。长期暴露在升高的 UVR 下导致附着生物群落向耐 UVR 优势种转换（Navarro et al，2008）。比较附着生物耐 UVR 种和 UVR 敏感种对 Cd 的响应，发现耐 UVR 种也相应地耐 Cd（Navarro et al，2008）。UVR 暴露和重金属暴露均可诱导附着藻细胞内的活性 O_2，而且 UVR-Cd 共耐种可能是由对两种胁迫产生的相似的生理响应引起的，包括增强的抗氧化活性（Prasad，Zeeshan，2005）。

8. 生物因素

在淡水环境中，能牧食附着藻类的动物很多，如甲壳类、昆虫幼虫等无脊椎动物均可以附着藻类为食（Brönmark，Vermaat，1997；Cattaneo，Mousseau，1995），而脊椎动物如鱼类、蝌蚪等也可以附着藻为食物来源（姚洁，刘正文，2010）。Thomas（1990）在前人工作的基础上提出了食草蜗牛、附着藻类、附着细菌和水生植物组成的模块系统（modular subsystem），他指出三者是互利共生关系；Jonse 等（1999；2000b）也发现蜗牛对沉水植物上附着藻类的群落构成和数量有很大影响。在蜗牛的出现处，单细胞和紧贴表面的丝状群落出现，直立丝状藻消失，三种藻类（*Cocconeis placentula*、*Chamaesiphon incrustans*、*Aphanochaete repens*）数量增加，可能是由于蜗牛的出现使藻类竞争压力减小且抗牧食。这些牧食者的下行效应可降低附着藻的生物量，抑制附着藻的生长。

大型水生植物对附着生物有着重要影响。Toet 等（2003）发现伊乐藻生长季节抑制附着生物，使其生物量下降。黄瑾等（2010）发现在中低营养盐浓度 $[\rho(TN)=0.4\sim2.5mg/L]$ 下，苦草促进附着藻类的生长，而在较高营养盐浓度 $[\rho(TN)=4.5\sim6.5mg/L]$ 下，苦草能显著降低附着藻类的生物量，抑制附着藻类生长，且这种抑制作用随着营养盐浓度的增加而增强，在 $\rho(TN)=6.5mg/L$ 的处理条件下，苦草对附着藻类的抑制率近 80%。目前，有关沉水植物对附着硅藻的研究表明，沉水植物通过抑制硅藻-光系统中电子受体与电子供体之间的电子传递过程和碳固定反应来抑制附着硅藻的生长。有研究者推测草型湖泊中的附着生物可能通过协同进化作用对沉水植物释放的化感物质产生了抵抗力，甚至还可能从宿主植物释放的化感物质中获益（Wium-Andersen et al，1983；Hilt，Gross，2008）。Wetzel（1983）也认为附着藻类和水生植物之间存在互利的共生关系。浮游生物和附着生物之间存在着复杂的竞争关系。相对于浮游藻类而言，附着藻类在光能竞争上略显劣势，在浮游藻类因大量繁殖而影响水体透明度的时候，水底基本不会有附着藻类生长。但附着藻类在氮、磷等营养盐竞争方面处于优势，它既可以直接吸收水中的营养盐，又可以吸收附着基质中的养分，而且附着藻类无论水深水浅均可生长。浮游藻类生长旺盛时能向水中分泌生化物质，抑制附着生物的生长。Borduqui 和 Ferragut（2011）发现蓝藻水华强度是影响热带超富营养化水库中附着藻类演替的决定因素。研究表明，沉水植物的衰败与消亡将导致水体中附着硅藻的大量繁殖，使得水生生物群落结构趋于简单化，更使系统的生物多样性指数降低。附着生物不仅大大削弱了到达植物表面的光照和营养物浓度，其代谢产物还对水生植物的光合作用具有抑制作用。因此有观点认为，导致富营养化湖泊水生植被衰亡的原因不是浮游藻类生物量的增加，而是由于水生植被表面附着生物量的增加。

C^{14} 和氧交换法可应用于研究附着生物动态，可以揭示这些发生在附着层内部的过程，分析理化生物参数的微尺度变化。通过不同的方法，就有可能获得调控影响附着生物自然状态的外部参数。人工系统比较适合特定的功能分析，但结果通常很难应用于自然系统。因此，如何最大限度地模拟野外自然系统，使研究结果直接指导野外的工作是今后研究的重点。

第二节　水环境附着生物的研究方法

过去 100 多年里，附着生物生态学的发展非常迅速，出现了比较新的概念如附着生物景观，它推动了传统过程与大尺度景观生态学的结合，当然也可在微米或毫米尺度应用于附着生物景观（Battin et al，2007）。过去 30 年中，附着生物生态学和研究技术的发展是并驾齐驱的，如微电极和光纤技术的出现，使研究者可在附着层内进行精细的生物地球化学剖面研究（Kühl，Polerecky，2008）。声学和光学速度计技术可用来描述附着生物群落附近和内部的水力条件、去向和来自附着生物的边界层运输（Larned et al，2004）。共焦激光扫描显微镜通过使在精细尺度上研究完整的附着生物结构成为可能影响了附着生物-景观研究（Larson，Passy，2005）。20 世纪 80 年代，脉冲-振幅荧光计（pulse-amplitude modulated，PAM）允许生态学家原位测定附着生物群落的光合作用。PAM 荧光仪在附着生物生态学中的应用非常多样，从毒理学到光和养分限制（Vopel，Hawes，2006；Muller et al，2008）均有应用。

一、 附着生物成分的分析

附着生物种群和群落的取样点、取样时间及功能分析需要科学仔细地设计。采样点的设置和数量根据调研水体的形态和大小确定，采样点的选择要有代表性。采样的频率一般每年不少于 4 次，建议春、夏、秋、冬各 1 次。

1. 附着生物的分离

附着基质不同，附着生物分离的方式也存在差异。附着基质主要有人工基质和天然基质。人工基质主要有玻璃片、聚乙烯片、花岗岩片、聚酯薄膜、人工植物等，天然基质主要有沉积物、石块、木块、水生植物、大型水生动物体表、枯木等。使用人工基质应仅限于附着生物的相对比较分析，例如沿污染的梯度。人工基质上的附着生物主要通过多次冲洗、物理剥离（毛刷洗刷、小刀刮）的方法进行，但此类方法也易低估附着生物群落的生物量或物种数，且可能对群落结构产生一定的干扰。目前，超声处理已发展为一种可取的方法。天然基质上附着生物的分离方法可借鉴人工基质的，但水生植物由于具有生物活性，其上附着生物的分离相对比较烦琐。一般采用物理方式（剧烈振荡法、软毛刷刷取法）并不能完全分离，辅以超声的效果比较好，尤其是对水生植物上附着细菌的洗脱非常有效。在解离附着生物的过程中，关键是要把附着生物有效地从叶片上洗脱下来，同时要避免对叶片组织结构的破坏，以免植物组织的内溶物、内生细菌对结果产生干扰。在无菌水中添加适当浓度的去污剂或者表面活性剂（如 Tween80、焦磷酸钠等），加入 pH 缓冲液，再辅以超声、振荡处理，可以加快附着细菌从植物表面的解离，同时对附着细菌生物膜中的聚集体进行破碎均一化，有利于对细菌多样性的研究。

2. 附着藻类色素的分析方法

附着藻类的色素主要包括叶绿素和胡萝卜素。附着藻类叶绿素的测定方法中，首先，选择溶剂很重要。溶剂的选择取决于取样群落，主要有丙酮、甲醇、乙醇。其次，提取辅助如研磨、振荡和超声波也很重要。目前比较常用的方法是 90％丙酮提取法，分光光度法测定。

3. 附着藻类和附着原生动物的种类鉴定

分离后的附着生物悬浊液用鲁哥试剂固定后，沉淀 24h 后弃去上清液，定容至 30mL，以备附着藻类种类鉴定，加 4％的福尔马林溶液可长期保存。用于鉴定原生动物的悬浊液可不加任何试剂，直接在显微镜下观察，也可直接加鲁哥试剂和 4％的福尔马林溶液固定。样品鉴定一般鉴定到属或种。

二、 附着生物空间结构分析

附着生物通常被定义为所有生活在浸没在水中的基质表面上的生物群落。为避免误解，附着生物群落的要素的空间排列应指其结构。各种显微技术使研究附着生物结构成为可能。光学显微镜只能观测到微界面附着物的表面结构，研究附着生物-附着基质的复杂关系是受限的，但它可以协助检测微界面附着物的全貌，在此基础上选择有代表性的样品片段进行深入观测。声学和光学速度计可用来描述附着生物群落附近和内部的水力条件、去向和来自附着生物的边界层运输。后来发展起来的扫描电镜技术大大促进了人们对微界面结构的了解。普通扫描电镜必须对植物样品进行逐级脱水、冷冻干燥和喷金等过程，容易造成植物表面附着物的脱落（Rogers，Breen，1981；Allanson，1973；刘凯辉等，2015）和自然结构的破坏，不能反映微界面附着物表面的真实情况。共聚焦激光扫描显微镜（confocal laser scanning microscope，CLSM）可在精细尺度上研究完整的附着物结构（Larson，Passy，2005），但需要做切片，易对微界面附着物造成挤压变形，观测结果可能与微界面附着物的真实形貌存在较大误差，亦不能反映微界面的自然结构。近年来发展的基于共聚焦激光扫描显微术的光谱指纹技术可用于研究微界面附着物的深度剖面和生物监测。用于扫描电镜的超低温冷冻制样及传输技术可实现直接观察液体、半液体及对电子束敏感的样品，如生物、高分子材料等。样品经过超低温冷冻、断裂、镀膜制样（喷金/喷碳）等处理后，通过冷冻传输系统放入电镜内的冷台（温度可至−185℃）上即可进行观察，其中快速冷冻技术可使水在低温状态下呈玻璃态，减少冰晶的产生，从而不影响样品的自然结构，冷冻传输系统保证在低温状态下对样品进行电镜观察。冷冻干燥辅助液氮脆断虽可以完整保存横截面形貌，但可能造成特定成分变形，而且测试成本较高。环境扫描电子显微镜（environmental scanning electron microscope，ESEM），可不对沉水植物进行任何前处理，在环境真空条件下直接分析微界面结构，可更直观地呈现微界面的真实结构，是研究沉水植物茎叶微界面结构的理想工具。核径迹纤维放射自显影法（nuclear track microautoradiographic，NTA）可研究特定养分元素的位置、量化和估计同化速率，用这种方法可估计单个附着生物种群同化的无机和有机碳。应用核径迹纤维放射自显影法和粒密度放射自显影技术（grain-density autoradiographic techniques）可提供附着生物群落内供给动力学和养分同化的信息。

三、 附着生物群落结构分析

群落结构知识是解释其功能特征的基础，群落结构的量化应通过活体生物量的估计和计算来进行。在分子生物学技术使用之前，研究者们通过分离纯培养的方法（如涂平板法）观察细菌菌落的形态，并且通过不同的特征对细菌进行分类。该研究方法可以获得微生物菌株本身，并可进一步用于不同培养条件和微生物代谢等方面的研究。但该方法在很大程度上受到菌株分离方法、培养时间、培养基成分等的影响，而且环境中微生物的群落结构非常复杂，物种多样性极高，能够通过纯培养技术获得的微生物只占到环境中极少的一部分。现代分子生物学技术克服了传统纯培养技术的上述局限，可以在基因水平上进行细菌种类的鉴定。在原核生物中 16 SrRNA 基因普遍存在，它包括高度保守的序列区和高变区，是生物的种属鉴定和系统分类的重要分子基础，因此，对不同物种的 16 SrRNA 基因进行比较分析能够很好地研究生物的亲缘关系。研究环境微生物的主要分子技术有群落指纹图谱方法，包括变性凝胶电泳技术（denaturing gradient gelelectro-phoresis，DGGE）、末端限制性片段长度多态性技术（terminal restriction fragment length polymorphisms，TRFLP），此外还有构建细菌克隆文库、荧光原位杂交（fluorescent in-situ hybridization，FISH）、基于 16SrDNA 的高通量测序法、基因芯片技术等。随着分子生物学的快速发展，现代分子生物学手段已经广泛用于微生物的多样性以及系统进化关系的研究。

变性梯度凝胶电泳（DGGE）、荧光原位杂交（fluorescent in situ hy-bridization，FISH）和克隆测序等是研究附着细菌群落结构的常规方法，但其分辨率和覆盖率不足，使用高通量测序技术现已成为一种新趋势，可对附着细菌的群落结构及多样性信息进行较全面的研究。二代测序方法以微生物目标基因的 PCR 产物为样本进行测序，一个反应得到几万至几百万条序列，测序的广度和深度大大提高。Illumina 公司的 MiSeq 测序就是一种高通量的分析方法，能够全面获取细菌的群落结构及多样性信息，并且可以检测到一些稀有物种。这种测序技术能够对核酸片段进行深度测序，其技术原理是采用可逆性末端边合成边测序反应，在测序速度和通量上有了较大的提升。利用该技术可以对任何物种在 DNA 水平上进行全基因组测序、基因组靶向区域测序，检测基因组范围内的遗传变异或多态性。高通量测序技术已经广泛应用于研究微生物的群落结构及微生物的多样性。高通量列阵（The Access Array 48.48、AA48.48、Fluidigm Corporation、South San Francisco、CA、USA）通过使用阵列芯片，可同时进行 2304 个 PCR 的扩增，将样品定量 PCR 和序列文库 PCR 在一个反应中同时完成，该 PCR 产物可直接用于二代测序分析，仅需 5h，与二代测序相结合，可同时得到微生物的群落组成和丰富度信息，简化二代测序样本的制备程序。二代测序的测序广度和深度较克隆文库的方法大大提高，尤其是提高了对数量上占少数的微生物群落的覆盖，不仅能从群落水平上揭示微生物群落组成的变化，而且能从更细的微生物分类水平上显示微生物群落的具体变化，在环境样品的 16S rRNA、18S rRNA 和功能基因的分析中均有应用。

四、 附着生物功能分析

附着生物群落是一个功能微系统，它包括同时出现在界面层内的内部自养和异养过程。可将微量技术应用于用高分辨率（如氧、pH 值的微电极；无机养分的化学分析，同位素示踪；酶分析）测定库和过程速率。为有效评价微生物和基质内代谢（水生植物组织和沉积物内）的相互关系，可建立几个实验和原位方法。如为使异质性最小和集中分析关键机制，可对群落进行分室研究；用简化的实验系统可有效地评价一些问题，如实验室附泥藻类分析中外来有机质负荷的调控将改变泥水界面的氧化还原条件和养分释放速率；大多数基质是活的，如植物组织或与无机和有机基质组分代谢耦合的陡分层的底栖微生物群落，因此必须充分理解耦合和基质代谢同步，以便定量测定出入附着生物的流通速率；可用综合参数来分析群落、物种代谢和养分、有机化合物循环。微电极、显微放射自显影（micro-autoradiography）、酶活性等可直接分析群落和物种水平的代谢和养分通量。

分析不同自然状态（贫营养、富营养、酸化等）和控制条件下重要元素（如碳、氮、磷、硫等）的代谢循环很重要。如 P 循环对藻类、细菌的分离速率、基质利用和有机、无机形态 P 的释放，尤其是光合作用、衰老和吸收的相互作用方面很重要。P 较稳定，多数情况下很少释放到水中。现代技术如 ^{32}P 和 ^{33}P 标记有望解释这些途径和快速循环速率。对于 N 循环，对附着生物群落内和基质界面无机和有机 N 多种形态的定量方法还没有统一标准。证据表明，附着生物在调节无机 N 出入底泥和植物基质的速率、生态系统 N 固定、来自地下水的溶解性无机或有机 N 通量极其他过程中极其重要。现代方法（如酶活性、同位素示踪、代谢终产物分析等）可详细分析 N 循环中附着生物的功能。微量有机养分对附着生物群落的重要性目前还没有较好的测定方法。

附着微生物功能分析常用的方法有稳定同位素标记与微生物 DNA 或 RNA 分析相结合的方法、功能基因微列阵、微生物宏基因组和宏转录组分析及单细胞水平研究方法等。

FISH 技术可确定细胞和组织中特异性转录物定位及其表达的相对水平，将核酸探针的某一种核苷酸标记上报告分子如生物素、地高辛，可利用该报告分子与荧光素标记的特异亲和元素之间的免疫化学反应，经荧光检测体系，在镜下对待测 DNA 进行定性、定量或相对定位分析。这一技术是用标记生物素或地高辛的非同位素探针和所制备样本中的 RNA 进行杂交，将是研究复杂群落环境中原位基因表达较为有利的手段。另外，结合报告基因分析的 FISH 技术对于复杂微生物群落的结构与功能分析也是十分方便有利的。在微生物群落研究中利用 FISH 技术将原位杂交与功能研究结合是必然的发展趋势，可以进行基因表达和代谢水平的研究。

稳定性同位素示踪 DNA/RNA-SIP 是研究复杂环境中微生物功能的关键技术。其基本原理是利用稳定性重同位素底物（^{13}C）原位培养复杂环境样品，超高速离心即可将 ^{13}C-DNA/RNA 与未标记的 ^{12}C-DNA/RNA 分离，获得具有活性的微生物群落 DNA/RNA，从而开展下游分析。DNA/RNA-SIP 实现了单一微生物向复杂微生物组研究的转变，为在整体水平系统研究微生物在自然环境中的重要生理过程、定向发掘重要微生物资源和生物技术开发提供了关键技术支撑。目前，DNA/RNA-SIP 技术在微生物生态学、环境微生物学、地质微生物、海洋微生物、生物地球化学等领域得到了广泛应用，在元素生物地球化学循环、污染物生物降解过程、肠道微生物生理生态与健康医学、生物活性物质高通量筛选和合成生物学等方面的应用渐趋成熟，成为未来功能微生物组学研究的重要技术。

稳定性同位素联合宏基因组技术（SIP enabled metagenomics）可大大减

少克隆的数量。通过稳定性同位素（SIP）实验使参与特定代谢过程（例如反硝化）的生物基因组得到富集，克隆从 SIP 实验中获得的^{13}C 标记的核酸，从而构建出在某一特定的环境过程中执行特定代谢功能（如可吸收或转化、代谢特定的标记基质）的环境微生物的功能宏基因组文库，就可重建一个较小、针对性强的目标微生物功能群基因组，从而极大地减少需要筛选的基因克隆数量，并且可直接利用分离出的^{13}C-核酸构建宏基因组克隆文库。将 DNA-SIP 与宏基因组学结合技术可以帮助我们在种群水平解决目标微生物的功能问题，这一技术发展非常迅速，其中包括在宏基因组学上应用细胞分选和微流体技术，在单细胞染色体组方面应用激光拉曼光谱显微镜技术，在荧光原位杂交上应用等离子聚焦光谱测定技术以及放射自显影技术。稳定性同位素联合宏基因组技术可用于环境甲基营养菌（甲烷营养菌和甲醇营养菌）、有机污染物降解菌、根际微生物生态（植物、微生物、微动物相互作用）、厌氧环境中互营微生物等群落结构和特定代谢过程的功能分析，在微生物的种类鉴定和功能鉴定间建立了直接的联系。

微阵列（DNA microarray）也叫寡核苷酸阵列（oligonucleitide array），是一种研究有多少基因能相互作用以及一个细胞网如何同时控制大量基因的新方法。该技术的原理是在固体表面上集成已知序列的基因探针，被测生物细胞或组织中大量标记的核酸序列与上述探针阵列进行杂交，通过检测相应位置的杂交探针，实现基因信息的快速检测。微阵列技术已广泛应用于研究废水处理系统以及环境污染物中微生物参与的反应和调节过程及机制、营养物循环和富营养作用的微生物多样性、微生物生态学原理以及生物学过程中与环境胁迫反应相关的基因功能和调节控制研究，并建立了基因表达谱，特别是寡核苷酸微阵列是当前环境微生物群落功能研究中的一种有效手段。常用的微列阵有系统发育芯片（PhyloChip）（用于识别微生物以及微生物之间的系统发育联系，分析微生物的多样性）和功能基因芯片（GeoChip）（用于研究功能基因的多样性和功能微生物的活性）。

GeoChip 是一种高通量基因芯片，可用于分析微生物群落，并研究其群落结构对生态系统的作用。该高通量基因芯片包括了编码参与主要地球化学循环（如碳循环、氮循环、金属抗性、有机物降解、硫循环和磷循环等）

的微生物酶类的寡聚核苷酸探针。尽管基因芯片在基因表达研究中是一个强大的工具，但是，将其运用到环境微生物研究领域仍然存在着很多挑战，诸如探针设计、基因序列覆盖范围、特异性、敏感性和定量。为了解决这些问题，一种特殊的基因芯片即功能基因芯片应运而生并被广泛应用。功能基因芯片包含了涉及微生物所参与的各种过程的主要编码酶的基因序列的探针，它在将微生物多样性和微生物功能联系在一起的研究领域非常有用，因为基因芯片涵盖了功能已知的基因。在已知的基因芯片中，GeoChip 是在生物地球化学、生态学和环境分析中最适用的，包括涉及碳循环、氮循环、磷循环、硫循环、各种金属抗性、抗生素抗性、有机污染物降解和能量传递等基因探针，并且有基于 gyrB 的系统发育分析标记。当前的 GeoChip 版本包括 70000 个功能基因，超过 400 种功能基因类别。阳性控制来自于核糖体基因，阴性控制来自于人类、植物和超嗜热菌基因。

微生物的基因组和转录组，即提取一种已知生物的 DNA 或 RNA，不进行目标片段的 PCR 扩增，随机打断成几百个碱基的片段进行测序，得到全面的遗传信息，也称为鸟枪测序法。与基因组学和转录组学不同的是，宏基因组学和宏转录组学反映的是多种生物或环境中整个群落的特征，包含环境微生物的全部遗传信息，相比 16 SrRNA，除了群落中各种微生物群落的分类信息外，宏基因组学更是包含了所有微生物的基因信息，有助于对微生物群落的潜在功能进行深入分析。宏基因组学和宏转录组学呈现的是多种生物或环境中整个群落的特征，包含环境微生物的全部遗传信息。与稳定同位素标记相结合，较其他微生物多样性分析的方法，宏基因组学可以更全面地反映代谢特定底物的微生物的信息。

第三节　水生植物茎叶微界面附植生物研究概述

"界面"这一术语最早起源于物理学，是指密切接触的两相之间的过渡区。界面现象在自然界中普遍存在，通常有液-气、液-固、液-液、固-

气、固-液等界面。至今，就界面问题开展的研究工作几乎是各个领域的前沿研究内容（李文华等，2004）。国内先后由汤鸿霄和曲久辉提出环境微界面的概念并加以发展，提出环境微界面是在相对微观的环境中，对物质交换、转移、转化、反应、暴露等具有影响的非均相介质间的微观界面，它是各主要环境要素的基本特征和联系不同环境介质的桥梁（汤鸿霄，2003；曲久辉等，2008），研究环境微界面过程对于控制污染物的迁移转化具有重要的环境意义和科学意义（钱宝等，2013）。

水生态系统中主要存在水-气微界面、水-沉积物微界面、生物-沉积物（根际圈）微界面和生物-水微界面（如水生植物表面与水之间）4 个微界面。微界面存在相互分异又密切联系的氧化-还原异质环境，往往是有机物降解、物质循环及生命活动最强烈的场所，发生着剧烈的交换、降解、转化和沉积等过程（Risgaard-Petersen，Jensen，1997）。水-沉积物微界面的研究已经取得了长足进展（Jorgensen，DesMarais，1990；Cai，Reimers，1993；Lansard et al，2003；Xu et al，2009；王永平等，2013），研究表明，在水-沉积物界面，氧（O_2）、pH 值、氧化还原电位（ORP）等因子时空变化较大，物质的迁移转化过程活跃，尤其是反硝化作用十分剧烈（Gardner，McCarthy，2009；Strauss et al，2009；Trimmer et al，2013；VanZomeren et al，2013）。

生物-水微界面广泛存在于各种生物表面，而在浅水湖泊生态系统中，沉水植物-水微界面占据着湖泊生态系统的重要界面，具有重要的生态作用，对湖泊生产力及生物地球化学循环具有重要的影响（Carpenter，1980；Pakdel et al，2013；Pomazkina et al，2012）。研究表明，在富营养化水体中，沉水植物茎叶表面附着有各种碎屑、泥沙、菌胶团、藻类等，形成了特殊的生物-水微界面（Sand-Jensen，1989；Stevens，Hurd，1997；董彬等，2013；何聃等，2014）。该微界面密集的附着物是植物和周围水体间可溶性物质运输的屏障，且对沉水植物有遮阴和资源竞争作用，降低了沉水植物的光合作用，影响了沉水植物的生长发育，加速沉水植物退化甚至消失（Sand-Jensen et al，1985；Sand-Jensen，1990；Liboriussen，Jeppesen，2003；秦伯强等，2006；董彬等，2013；秦伯强等，2013）。因此，对沉水植物-水微界面的研究逐渐引起了相关学者的关注

(Pietro et al, 2006; Spilling et al, 2010; He et al, 2012)。初步研究已证实沉水植物叶-水微界面亦存在好氧-厌氧交替出现的氧化-还原微环境(Sand-Jensen et al, 1985; Sand-Jensen, Revsbech, 1987; Jones et al, 2002)。微界面溶解性化学物质的运输主要通过分子扩散，但由于微界面附着物特殊的物质组成，较高的光合作用速率和异养过程都有可能在微界面发生，有可能出现因这些生物通过代谢消耗或生产而造成的陡化学梯度 (steep gradients)。因此，微界面内环境因子及溶解性物质的分布可能与植物周围的上覆水中的分布有很大差异。

微界面附着物及其内部异质微环境对植物生长发育和生态系统的养分转化具有重要的生态效应。研究富营养化水体中沉水植物茎叶微界面结构、环境特征、影响因素，探明微界面的生态效应和作用机制，对于水生态系统养分循环的认识和利用沉水植物的生态调控功能提高水环境质量具有十分重要的理论意义和实践意义。

但当前在水生植物对水体的生态调控功能研究中，多集中在对植物本身的研究上，而对水生植物-水界面特性及其与外界相关因素的相互关系研究较少。加之由于技术和条件的限制，目前对沉水植物-水界面基本结构、环境特征、不同生物及环境条件下微界面环境因子（O_2 浓度、pH值、ORP 等）的变化规律及其生态效应的同步测定和系统研究尚比较缺乏。特别是富营养化水体中典型沉水植物茎叶微界面基本结构和不同营养状态、光照、底质、生境及不同生长阶段时沉水植物茎、叶微界面结构及环境因子 O_2 浓度、pH 值、ORP 等的时空变化规律如何？微界面氧化-还原微环境的生态效应和调控机制是什么？沉水植物附植生物反硝化作用在水体反硝化脱氮中地位如何？附植生物有哪些应用？这是诸多学者一直在关注但还仍未得到很好解决的问题，迫切要求进行系统而深入的研究。

一、 国内外研究进展

1. 水生植物微界面结构组成

水生植物附着物作为茎叶微界面重要的物质成分，主要由附着藻类、附着动物、细菌、真菌、有机碎屑、菌胶团、泥砂等组成（Brönmark，

1989；Jones et al，1999；Dodds et al，2004；Vis et al，2006）。目前，对水生植物微界面附着物的研究较多地集中在附着藻类和附着细菌的群落结构和数量上（Morin，Kimball，1983；Pip，Robinson，1984；Sand-Jensen et al，1985；Rimes，Goulder，1986；Blindow，1987；Iwan Jones et al，2000b；Asaeda et al，2004；纪海婷等，2013），而对其他有机物和无机物质的研究较少。对沉水植物附着物的基本结构、生物化学组成的研究也非常少。水生植物附植生物的组成、结构和数量主要受植物种类（Pip，Robinson，1984；Baker，Orr，1986；Rimes，Goulder，1986；苏胜齐等，2002；由文辉，1999；He et al，2012）、生长阶段（Brönmark，1989；Morin et al，1999；苏胜齐等，2002；Asaeda et al，2004）、水体营养水平（Pizarro et al，2002；袁信芳等，2006；Lin et al，2006；Chen et al，2007；Raeder et al，2010；董彬等，2013；魏宏农等，2013；张亚娟等，2014）和生物等因素的影响。

水生植物微界面附着物具有明显的时空变化（Rimes，Goulder，1986；Cai et al，2013；董彬等，2013）。由于水生植物本身就有一个生长、衰老和分解的过程，所以附植生物的季节变化较为复杂。水生植物豆瓣菜（*Nasturtium officinale*）、*Apium nodzjlorum*、*Glyceria Juitans* 的附着菌类密度在 1 月末至 3 月降低，4～6 月增加（Rimes，Goulder，1986）。蓖齿眼子菜（*Potamogeton pectinatus* L.）附植生物在 5～6 月增加，7 月降低或保持同等数量，随后增加到一个比较高的水平（van Dijk，1993）。太湖各点附着藻类以春季种类和数量最多，而冬季最少（袁信芳等，2006）。水温较低的季节附着藻类种类数最低，变化大且每个种类的细胞数在全年中也最少；初夏和秋季附着藻类的种类和数量均较多；夏季藻类的种类数和细胞数均达到最大（杨红军等，2002）。但由文辉发现淀山湖附着藻类冬季数量最多而夏季最少。苏胜齐也发现菹草不同时期附着藻类的密度和生物量不同，表现为快速生长季节（生长期）和生物量较大的季节（成熟期）时附着藻类的密度和生物量较小，而菹草生物量较少季节（幼苗期）和衰亡期时藻类附着密度和生物量要高得多（苏胜齐等，2002）。桑沟湾楮岛海域大叶藻（*Zosterae Marinae*）附植生物，春季褐藻类为主要附着生物，附着高峰出现在 4 月份，夏季附着的大型海藻种类明显减少；硅藻附着高峰出现在秋季，冬季仅有微藻类的硅藻附着（高亚平等，2010）。沉水植物旺盛生长期有碍附着藻类的增殖，生长减缓或衰亡时，附着藻类呈现增长态势。沉水植物附着物还存在空间分布差异。Rimes 和 Goulder 发现水生植物豆瓣菜、*Apium nodzjlorum*、*Glyceria Juitans* 叶片的附着菌类密度小于茎部和叶柄处（Rimes，Goulder，1986）。同一叶片的不同部位菌群密度存在显著差异，叶片越老菌群密度越大（Baker，Orr，1986）。Morin 和 Kimball 发现狐尾藻属（*Myriophyllum heterophyllum*）茎的不同部位附着藻类的分布也不同（Morin，Kimball，1983）。

综上所述，目前人类对水生植物微界面基本结构、生物化学组成的研究还比较欠缺。

2. 微界面环境特征及其影响因素

由于原位测定沉水植物茎叶微界面环境因子如 O_2 浓度、pH 值和 ORP 的难度较大，到目前为止，对这方面的研究相对较少。初步的研究发现沉水植物叶微界面 O_2 浓度存在明显的陡梯度变化和时空分布特征（Sand-Jensen et al，1985；Sand-Jensen，Revsbech，1987；董彬等，2015）。Sand-Jensen 等运用微电极技术测定水生植物菹草（*Potamogeton crispus*）、*Littorella uniflora*、大叶藻（*Zostera marina*）、宣藻（*Scytosiphon lomentaria*）叶微界面 O_2 浓度的变化，发现越接近植物叶表面 O_2 浓度越高，且其随着光照强度增强而升高，叶微界面 O_2 的空间分布梯度明显，白天植物表面产生富氧环境，而夜间叶微界面附着层内出现厌氧微环境。研究还发现，菹草叶表 O_2 浓度对光照的响应速率 8 月份快于 6 月份，不同植物叶微界面内 O_2 浓度对光照的响应存在差异，菹草快于 *Littorella uniflora*（Sand-Jensen et al，1985）。Sorrell 和 Dromgoole 发现水蕴草（*Egeria densa*）茎的泌氧能力亦存在昼夜差异，白天泌氧能力明显高于夜间（Sorrell，Dromgoole，1988）。Sand-Jensen 等亦发现沉水植物叶微界面的 pH 值要高于周围水体的 pH 值，且差值随附着层厚度增大而增加（Sand-Jensen et al，1985）。董彬等亦证实菹草茎叶微界面 O_2 浓度具有明显的昼夜变化、生长阶段变化和空间变化（董彬等，2015）。

Jones 等将人造叶片与伊乐藻（*Elodea nuttallii*）在室内共同培养，利用微电极技术研究了人造叶片附着层 pH 值的空间分布，发现自微界面外侧垂直至叶表 pH 值逐渐升高，叶表处达到最高，且附着层越厚，pH 值的增加幅度越大，但并未实际测定沉水植物伊乐藻叶微界面 pH 值的变化。他认为附着生物光合作用及附着层对游离态 CO_2 的阻抑是导致 pH 值垂直分布差异的主要原因（Iwan Jones et al，2000a）。Spilling 等发现光照强度显著影响海洋植物褐藻 *Fucus vesiculosus* 叶组织内外 O_2 浓度和 pH 值的微环境分布（Spilling et al，2010）。

微界面内 O_2 浓度、pH 值和 ORP 的空间变化势必将引起其他可溶性物质的变化，可能对植物的生长和水生态系统的结构和功能产生重要影响。沉水植物是水生态系统的重要部分，在富营养化水体生态修复中起着举足轻重的作用。上述仅有的研究仅初步显示了沉水植物叶微界面内 O_2 浓度的陡梯度变化，但对茎叶微界面 pH 值的研究涉及甚少，对茎叶微界面 ORP 的研究还未见文献报道。到目前为止，结合附着物的影响对沉水植物茎叶微界面 O_2 浓度、pH 值和 ORP 的综合研究还比较缺乏。Fang 等利用微电极发现富营养化太湖蓝藻颗粒内外 O_2 浓度、pH 值和 ORP 存在明显的分布，蓝藻颗粒内外这种生理微环境特征的发现为治理蓝藻水华提供了新方法（Fang et al，2013）。Dong 等对太湖贡湖湾的马来眼子菜（*Potamogeton malaianus*）不同部位茎叶微界面的 O_2 浓度、pH 值和 ORP 分布特征进行了比较研究，发现附着物厚度和叶龄对微界面结构和功能有重要影响（Dong et al，2014）。

沉水植物叶微界面结构及环境因子可能受多种因素的影响，目前仅有的几例研究主要集中在光照和附着物上，而水体营养状态、底质类型、流速、生境、植物种类、部位和生长阶段也可能对微界面结构和功能有重要的影响，因此这方面的研究还有待深入和加强。

3. 水生植物微界面生态效应

沉水植物茎叶微界面附着物通过遮阴和阻抑物质迁移减缓植物光合作用和生长。光通过附着层到达植物叶表面时会发生衰减，附着层厚度越大光衰减越多，且光衰减在一定条件下会降低沉水植物的光合作用速率，最终对植物生长产生重要影响（Madsen，Sand-Jensen，1991；宋玉芝等，

2010；Chen et al，2007）。附着物的存在增大了水与植物表面间物质的传输距离和阻力，阻碍了游离态 O_2、CO_2 和可溶性有机碳（DOC）等可溶性物质在水相和植物表面间的迁移（Sand-Jensen et al，1985；Sand-Jensen，1989；Ramcharan et al，2009）。Jones 等发现由于附植生物对水中 CO_2 的利用，使沉水植物叶微界面内的 CO_2 浓度降低至 $2\mu mol/L$，无机碳浓度成为沉水植物光合作用的关键限制因子，对沉水植物光合作用产生了不利影响（Jones et al，2000）。微界面附着物可使沉水植物叶绿素含量发生改变、叶片枯死量增加和光合作用产量下降（Asaeda et al，2004）。Chen 等研究发现水体营养负荷的提高可促进沉水植物菹草叶片表面附着藻类的增殖，导致叶片光合机能下降（Chen et al，2007）。Laugaste 等认为，在富营养化湖泊藻类暴发过程中，首先发生附植生物的大量增殖，而后才发生浮游藻类暴发，并指出附植生物的大量繁殖可能是藻类暴发和沉水植物消亡的重要诱因（Laugaste，Lessok，2004）。附植生物的大量增殖可能是富营养化水体中沉水植物消亡的一个重要原因，但在附植生物大量增殖是否是沉水植物消亡的最直接原因这一问题上，目前的观点并不一致（Harwell，Havens，2003；Roberts et al，2003）。一部分学者认为，由浮游藻类大量繁殖所导致的水体透明度降低以及遮光作用所引起的水下光照缺乏是沉水植物消亡的直接原因；但还有人认为，附植生物与水生植物对营养盐和光等生态资源的竞争以及其产生的代谢产物对沉水植物光合作用的抑制可能是造成沉水植物在富营养化水体中退化的关键（Liboriussen，Jeppesen，2003）。研究已初步证实，附植生物对沉水植物的抑制比营养盐更加直接。

　　微界面附植生物在水生态系统中占据着独特的生态位，发挥着重要作用。沉水植物微界面附着物能通过水体理化条件、流速、自身吸收和硝化反硝化等途径对水体养分循环产生影响（Dodds，2003；纪海婷等，2013），在草-藻型湖泊转变过程中发挥着重要作用（Poulickova et al，2008）。宋玉芝等通过附植生物对富营养化水体氮、磷去除效果的研究发现，有附植生物的水体中总氮（TN）浓度从 5mg/L 左右下降到 2mg/L 左右，半个月内对水体 TN 的累积去除率可达 60％（宋玉芝等，2009）。而在一个氮不足的清水性草型湖泊中，附植生物仍可达到很高的生物量，这可能归因于其较高的氮循环效率（Sánchez et al，2010）。

基于群落水平的研究表明，水生植物对水体的氮循环有显著影响。在营养物质丰富的水体中，沉水植物群落内的硝化作用强度比无沉水植物的区域高10倍（Eriksson，Weisner，1997）。几个有沉水植物和无沉水植物的沉积物斑块的反硝化作用速率的直接比较表明沉水植物对反硝化作用有积极的影响（Caffrey，Kemp，1992；Christensen，Sorensen，1986；Iizumi et al，1980；Wang et al，2013）。在富营养化水体中，水生高等植物生长区水的氨化作用产气量为敞水区（无水生植物区）的2倍，凤眼莲（*Eichhornia crassipes*）、水花生（*Alternanthera Philoxeroides*）覆盖下水的反硝化产气量分别为敞水区的6.2倍和4.8倍，表明水生高等植物可促进氮素脱离水体，释放进入大气（王国祥等，1999）。通过模拟实验，借助具创新性的收集凤眼莲种植水体释放N_2O的装置和方法，发现凤眼莲可以促进富营养化水体的硝化、反硝化和耦合的硝化-反硝化反应过程（高岩等，2012）。微宇宙实验中发现有浮水植物浮萍（*Lemna* sp.）和蕨壮满江红（*Azolla filiculoides*）的处理的反硝化作用速率明显高于无浮水植物的，促进了污水的氮去除（Jacobs，Harrison，2014）。在氨氮丰富的淡水生态系统（如污水处理厂）中，沉水植物群落内水化学性质的昼夜变化促进硝化作用和反硝化作用的耦合（如硝化细菌将NH_4^+氧化为NO_3^-，随后的反硝化作用将NO_3^-还原为N_2），刺激NH_4^+向N_2的转化，而沉水植物可为附着的硝化细菌提供表面可能是另一个重要因素（Eriksson，Weisner，1997）。

目前，与对海洋、湖泊沉积物-水界面反硝化作用的深入研究相比（Nielsen et al，1990；Trimmer et al，2013；Yin et al，2014），对淡水植物-水界面的附植生物硝化反硝化作用的研究较少（Eriksson，Weisner，1996；Eriksson，2001；Toet et al，2003），其具体过程和机制还不了解。虽然早在1983年Kurata就观察到在芦苇（*Phragmites australis*）和其他挺水植物茎上附植生物的反硝化作用，但并没有定量的数据。Eriksson等经多年对富营养化水体中篦齿眼子菜（*Potamogeton pectinatus*）附植生物反硝化作用进行研究，发现附植生物反硝化作用相当可观，与沉积物的相当。Toet等发现污水处理厂出水的湿地中芦苇和伊乐藻附植生物的反硝化作用速率显著高于沉积物（Toet et al，2003）。这些初步的零星报道表明，富营养化水体中沉水植物附植生物的反硝化作用相当可观，可能是水生态系统中重要的氮去除途径之一。上述研究在一定程度上显示了沉水植物附着物对氮去除有明显贡献。但是，目前研究沉水植物附植生物反硝化作用的文献仅有少数几例。在中国富营养化浅水湖泊中，附植生物反硝化作用特征及其对水生态系统反硝化脱氮的贡献如何还有待深入探讨。因此，系统研究养分丰富的浅水淡水生态系统中沉水植物附植生物群落的反硝化作用对理解微界面的生态效应非常必要。

同时，附着藻还能够敏感地响应水环境的变化，可作为水生态系统的理想指示物种（Roman，Ekelund，2000），在湖泊生态修复中发挥着重要作用（Rodusky et al，2001；Schneider，Lindstrøm，2011；纪海婷等，2013）。

二、 微界面附植生物研究方法和技术

对微界面附着物结构或附着物附着过程的研究早期主要采用普通扫描电子显微镜（Allanson，1973；Rogers，Breen，1981），但是普通扫描电镜观测前必须对植物样品进行冷冻干燥，易造成附着物的脱落和自然结构的破坏（Rogers，Breen，1981；Allanson，1973），观测结果可能与微界面附着物的真实形貌存在较大误差。近年来发展的基于共聚焦激光扫描显微术（CLSM）的光谱指纹技术可用于研究微界面附着物的深度剖面和生物监测。利用环境扫描电镜沉水植物样品可直接上机测定，可以更直观地呈现附着物的自然形貌特征，但目前使用还较少。

与浮游生物相比，学者们对附植生物的研究还远远不够，其中一个重要的原因是附植生物取样比较困难。自然条件下，水生植物与附植生物的分布不均衡，而且附植生物难以从水生植物茎叶表面完全分离，因此目前在如何采集附植生物方面还没有统一的标准。对微界面附着藻类的研究采用常规的定性定量分析方法（袁信芳等，2006；Morin，Kimball，1983）；对附着微生物的研究多采用 PCR 法、RFLP 法、DGGE 法、FISH 法和克隆基因文库分析法（李华芝等，2006；何聃等，2014）；而

对附着物养分含量的分析还没有标准方法，也较少有人涉及。

对微界面环境因子如 O_2 浓度、pH 值和 ORP 等的研究多采用微电极技术（Fang et al，2013；Dong et al，2014）。由于氧是生物系统中一个关键的参数，复杂环境中的氧梯度对理解和量化诸多代谢过程极其重要，所以文献中对光纤针式氧电极和 Clark 型电化学氧电极的描述和应用相对较多（Klimant et al，1995；Kühl，2005；Armstrong et al，2000；Xu et al，2009；Spilling et al，2010）。目前，微电极多用于研究沉积物（de Beer et al，1997；Nakamura et al，2004；Xu et al，2009；王永平等，2013）、藻垫（Babauta et al，2014；Jones et al，2000；Fang et al，2014）、生物膜（Revsbech et al，1983；Sweerts et al，1989；Wang et al，2013）、植物根系（Armstrong et al，2000）等的微环境变化。但利用微电极对沉水植物茎、叶微界面的研究还相对较少，这与沉水植物微界面的重要作用极不相符。对微界面附植生物反硝化的研究早期多采用乙炔抑制法（Eriksson，Weisner，1996；Toet et al，2003），现开始发展到稳定同位素法（Eriksson，2001）。对微界面附植生物群落结构和功能的研究主要采用微生物的方法，在上一章已进行了详细论述。总之，对微界面的研究方法和技术虽然取得了阶段性成果，但还有待进一步完善和改进。

三、 微界面附植生物研究存在的问题

近年来，淡水生态系统附植生物生态学的研究得到了快速发展，测定技术也得到同步发展，对附植生物生态学的发展起了巨大的推动作用。但是，由于附植生物生态学是一个集合，其研究不仅涉及生态学的诸多领域如生理的、群落的、种群的和生态系统的，而且还涉及环境化学、生物化学、生物地球化学、分子生物学、植物生理生态学、微生物学等多种学科，同时还有赖于现代先进的分析测试和微观观测手段的有机融合，虽然相关研究取得了长足的进展，但关于附植生物在水生态系统中的形成机制、生态功能等仍没有清晰而明确的答案，仍有很多问题尚未解决。相对于其他学科，附植生物生态学仍是一门年轻的科学，诸多领域仍处于未开发或未充分开发的状态。

目前，研究存在的主要不足如下。

① 目前，淡水生态系统附植生物的研究主要是基于自然环境，但由于许多生态过程同时发生，基于野外观测的数据通常很难解释根本的机制，得出可靠的结论更不容易。而且，现有的围隔实验或少量小型室内的模拟实验与实际的野外环境存在很大差异，因此，如何最大限度地模拟野外环境是今后必须解决的一个重点问题。

② 对附植生物各种指标的测定还没有标准统一的方法，尤其是还没有高效的标准取样方法，如不同基质上附植生物的取样方法；对附植生物分类的研究还远远不够；附植生物养分动态、生物量和生产力的研究没有现成的准则。

③ 附植生物群落作为一个功能微系统，对同时出现在界面层内的自养和异养过程的研究还不够深入，附植生物的代谢及其与养分的耦合过程和机制的研究还涉及较少。

④ 对不同于自然状态（如贫营养、富营养、酸化、水体荒漠化等）和控制条件下水体养分循环的研究还有待深入，对附植生物在养分循环中的功能了解较少，对附植生物和基质间的物质能量交换了解甚少，对不同污染状态下水体养分循环的调控机制的研究还比较缺乏。

⑤ 附植生物群落结构和种群动态分析对评价水质非常有价值，但目前来说应用指示生物评价水质仍然相当主观和缺少普遍性，其因果关系尚不明确。

⑥ 对附植生物生态功能的应用领域尚有待进一步拓展，如对重金属污染、有机污染、蓝藻水华预警、古环境分析等方面的应用研究还比较少。

⑦ 对附植生物相关理论的研究还比较少。

第二章 水生植物附植生物组成和结构特征

第一节 富营养化水体中典型水生植物附植生物特征比较

　　水生植物在水生态系统中占有独特的生态位，发挥着关键作用。水生植物能够通过各种途径如改变水流、水体理化条件、自身吸收和反硝化对水体养分循环产生影响，在湖泊生态修复中发挥着重要作用（Schneider，Lindstrom，2011；董彬等，2014）。在富营养化较为严重的水体中，常见各种碎屑、泥沙、菌胶团、藻类等附着在水生植物茎叶表面。这些附着物直接影响光的传输、气体的交换以及物质的迁移，可使到达植物表面的光发生衰减，在一定条件下会限制沉水植物的光合作用速率，最终对植物生长和分布产生影响。推测附植生物的大量繁殖可能是藻类暴发和沉水植物消亡的重要诱因（Phillips，1978）。目前对附着物的研究主要集中在沉水植物上（宋玉芝等，2010；何聘等，2014；董彬等，2013），而对浮水植物和挺水植物附着物的了解比较少。鉴此，本章选择挺水植物芦苇、沉水植物菹草和浮叶植物荇菜三种植物，对其附着物进行了比较研究，以期为水生植物的科学管理和受损水环境质量的提高提供科学依据。

一、 材料和方法

1. 实验材料选取

本研究选取芦苇（*Phragmites australis*）、荇菜（*Nymphoides pel-*

tatum）和菹草（*Potamogeton crispus*）3 种典型水生植物（图 2-1）进行实验。芦苇，禾本科芦苇属；多年生挺水植物，根状茎十分发达，秆直立，高 1～3m，直径 1～4cm，具 20 多节；生于江河湖泽、池塘沟渠沿岸和低湿地，为全球广泛分布的多型种。由于芦苇的叶、叶鞘、茎、根状茎和不定根都具有通气组织，所以它在净化污水中起到重要的作用。荇菜，别名莕菜、水荷叶，龙胆科荇菜属；多年生水生草本浮水植物；茎圆柱形，多分枝，密生褐色斑点，节下生根；生于池塘或不甚流动的河溪中；性强健，耐寒又耐热，喜静水，适应性很强。菹草为眼子菜科、眼子菜属沉水草本植物；茎多分枝，叶条形，无柄；其生命周期与多数水生植物不同，在秋季发芽，冬春生长，4～5 月开花结果，夏季 6 月后逐渐衰退腐烂，同时形成鳞枝（冬芽）以度过不适环境；生于池塘、湖泊、溪流中，静水池塘或沟渠较多，为世界广布种。

(a) 芦苇　　　　　　(b) 荇菜　　　　　　(c) 菹草

图 2-1　三种典型水生植物

水生植物采自临沂市兰山区某富营养化水体（118.32°E，35.11°N）。在水生植物的稳定生长期采集植物，用多参数水质测定仪现场测定溶解氧 DO、pH 值、氧化还原电位 E_h、透明度等水环境因子指标和生物量、株高、直径、叶长、叶宽等植物生长指标。同时采集水样，用于室内标准方法测定水体总氮、总磷、硝态氮、铵态氮、磷酸盐（魏复盛，2002）。在稳定生长期内采集 3 次，取平均值。

2. 附着物指标的测定

用剪刀从不同植株上采集典型茎叶装入盛有无菌水的聚乙烯瓶中（芦苇只采集生长于水中的部分），每个样品 5 个平行，带回实验室。用软毛刷和无菌水轻刷洗植物表面，用显微镜观察确保附着物完全刷下且茎叶表面未受损。刷洗液连同软毛刷冲洗液一并收集，将收集的样品定容。附着物干重（DW）、附着物无灰干重（FADW）、附着物灰分重（AW）和附着物叶绿素 a 含量（Chl-a）的测定和计算的具体方法见文献（董彬等，2015）。

二、 采样点植物群丛内水质特征

各采样点植物群丛内主要水质指标存在差异（表 2-1）。菹草群丛内水体溶解氧（DO）和 pH 值最高，荇菜群丛内居中，芦苇群丛内最低。营养盐含量以菹草群丛内水体的最低，荇菜群丛内居中，芦苇群丛内最高。从中可以看出，沉水植物菹草对水体的生态作用要强于浮水植物荇菜和挺水植物芦苇。水体透明度是描述水体光学的一个重要参数，同时也是评价水体富营养化的一个重要指标，它能直观地反映水体的清澈和浑浊程度。水悬浮物的组成和含量是透明度的主要影响因素，二者的变化规律比较一致（张运林等，2003）。

表 2-1 植物群丛内主要水质指标

指标	芦苇 （*Phragmites australis*）	荇菜 （*Nymphoides peltatum*）	菹草 （*Potamogeton crispus*）
DO/(mg/L)	6.21±0.30	6.76±0.30	7.10±0.40
pH 值	7.12±0.30	7.81±0.30	8.10±0.40
E_h/mV	62.3±3.5	52.9±3.0	41.3±2.7
透明度/m	0.20±0.01	0.40±0.01	0.55±0.02
总氮（TN）/(mg/L)	5.14±0.28	4.52±0.23	3.74±0.20
总磷（TP）/(mg/L)	0.28±0.03	0.26±0.02	0.25±0.01
硝态氮/(mg/L)	4.57±0.32	3.75±0.25	3.18±0.20
氨氮/(mg/L)	0.48±0.02	0.46±0.02	0.43±0.02
磷酸盐/(mg/L)	0.13±0.02	0.11±0.01	0.10±0.01

三、 不同种类植物的附着物存在差异

3 种处于稳定生长期的水生植物附着物的各指标均存在显著差异（图

2-2)。附着物干重（DW）、附着物无灰干重（FADW）、附着物灰分重

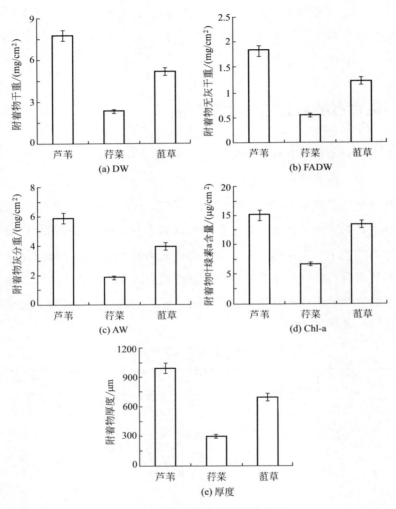

图 2-2　3 种水生植物附着物特征

（AW）、附着物叶绿素 a 含量（Chl-a）和附着物厚度，均以挺水植物芦苇的最高，沉水植物菹草的居中，而浮水植物荇菜的最低。水生植物茎叶表面的附着物是附着藻类、微生物、原生动物、有机及无机碎屑的聚集体。附着物干重反映的是附着物的总重量，经烘干称重而得；附着物无灰干重反映的是有机成分的含量多少，与水体的污染物来源及污染状态有关；附着物灰分重则是指附着物经高温燃烧后剩余的无机成分的含量；而

叶绿素 a 含量反映的是附着物中光能自养成分的含量。

植物表面附着物除水体的营养负荷外，与植物种类亦有密切关系。芦苇群丛内营养盐含量高于荇菜和菹草群丛内，而透明度较低，加之芦苇茎叶表面粗糙，附着物易于附着，虽然对藻类有较强的化感作用（李锋民，胡洪营，2004），但芦苇茎叶表面干重及附着物厚度均最高。荇菜叶片近革质，上面光滑，附着物不易附着，下面密生腺体且粗糙，漂浮在水面上，由于受水体波动影响，加之较强的化感作用，附着物亦不易附着，因此，附着物含量最低。而菹草为沉水植物，整株植物浸没在水下，叶片有褶皱，附着物易于附着，因此，附着物含量介于芦苇和荇菜之间。

结果表明，上述 3 种不同类型植物表面的附着物数量存在显著差异，与前人研究结果一致。由文辉发现在富营养化水体中附着藻类的生物量大小表现为黑藻（*Hydrilla verticillata*）＞金鱼藻（*Ceratophyllum demersum*）＞菹草（*Potamogeton crispus*）＞苦草（*Vallisneria natans*）＞马来眼子菜（*Potamogeton malaianus*）（由文辉，1999）。Pip 和 Robinson（1984）发现不同沉水植物上的附着藻类显著不同，各宿主植物间，硅藻亚群最相似，绿藻亚群差异最大。但 Eminson 和 Moss（1980）认为附植生物群落在贫营养水体中表现出最高的宿主专一性，这种专一性在高养分水平条件下降低，且外部环境因素变得更重要。

总之，芦苇、荇菜和菹草 3 种水生植物的各附着物指标存在宿主差异，这与植物形态和生理特征有关。

第二节　典型沉水植物附着细菌群落结构特征

附着细菌是指生长在植物表面并与植物形成复杂共生关系的一类细菌。在湖泊生态系统中，附着细菌不仅数量众多，而且种类十分丰富。附着细菌作为湖泊生态系统中的重要组成部分，对有机物的降解以及营养物质循环过程都起着重要作用。沉水植物附着细菌的数量通常可以达到 $10^5 \sim 10^7$

个细胞/cm²。相比浮游细菌，附着细菌具有更高的初级生产力。在附着细菌及其宿主沉水植物的共同作用下，湖泊水体的水质情况能够得到显著改善。因此，研究附着细菌对解决湖泊生态系统的各种问题有重要意义。

沉水植物附着细菌主要包括拟杆菌门（Bacteroidetes）、放线菌门（Actinobacteria）、变形菌门（Proteobacteria）、蓝藻门（Cyanobacteria）、疣微菌门（Verrucomicrobia）等类别（何聃等，2014）。优势菌群在附着细菌生物膜形成过程中发挥着重要作用，生境条件和植物本身都会对附着细菌的群落结构造成影响（Cai et al，2013）。何聃等（2012）对苦草（*Vallisneria natans*）和轮叶黑藻（*Hydrilla verticillata*）的附着细菌多样性进行了研究，并且认为宿主植物对附着细菌有很大影响。Cai 等（2013）对太湖不同湖区马来眼子菜（*Potamogeton malaianus*）附着细菌群落结构特征进行了研究，发现在不同取样点马来眼子菜附着细菌组成具有高度的相似性。本研究选择洪泽湖菹草（*Potamogeton crispus*）、篦齿眼子菜（*Potamogeton pectinatus*）和金鱼藻（*Ceratophyllum demersum*）3 种典型沉水植物，采集各自生长旺盛期的植株，利用 T-RFLP 技术研究这 3 种化感活性不同的植物叶表面附着细菌的群落结构特征差异，为深入研究富营养化湖泊植物-微生物结构功能关系提供支撑。

一、 研究区概况及研究方法

1. 研究区概况

洪泽湖（33°6′~33°40′N，118°10′~118°52′E）是我国第四大淡水湖泊，属过水性湖泊，水域面积随水位波动较大，平均水深 1.9m，最大水深 4.5m。湖区水生植物比较丰富，水质较好（高方述等，2010；余辉等，2010）。但受人类活动的影响，近年来部分湖区水生植被出现退化趋势（Ren et al，2014）。选择洪泽湖西部溧河洼湖湾为研究区域，该湖区水生植物种类丰富、盖度较高，但受围网、围垦等因素影响，水生植物分布及水质的空间差异较大。本研究选取洪泽湖菹草（*Potamogeton crispus*）、篦齿眼子菜（*Potamogeton pectinatus*）和金鱼藻（*Ceratophyllum demersum*）3 种典型的沉水植物作为研究对象。

2. 样品采集及水质测定

于 2014 年 4 月、5 月和 7 月分别采集菹草、篦齿眼子菜和金鱼藻各自生长旺盛期的植物样品。为了使取样更具代表性，每种沉水植物在不超过 5m 范围内随机采集 3 个样品，编号分别为 1、2、3。小心剪取长势比较一致的沉水植物枝叶 500g 左右，立即放入无菌的聚乙烯袋中，用冰袋保温带回实验室测定附着细菌。使用 HACH HQ30D 便携式检测仪现场测定水体 pH 值、溶解氧（DO）浓度、水温（WT）等水质指标，并且按照规范采集水样，运回实验室测定相关水质指标。用 Auto Analyzer3 全自动水质连续流动分析仪（德国 SEAL 公司）测定水体总氮（TN）、总磷（TP）、氨氮（NH_3-N）浓度等。叶绿素 a 的浓度（Chl-a）用 90％的丙酮溶液提取，然后用比色法进行测定。采样点水质的理化指标见表 2-2。

表 2-2 采样点水质的理化指标

项目	TP /（mg/L）	TN /（mg/L）	NH_3-N /（mg/L）	DO /（mg/L）	WT /℃	pH 值	附着物厚度/cm
菹草群丛	0.08	1.09	0.07	10.68	17.90	8.88	105.67
篦齿眼子菜群丛	0.05	1.05	0.08	15.87	22.07	9.35	93.33
金鱼藻群丛	0.16	2.19	0.12	8.05	25.70	8.58	55.67

3. 附着细菌样品处理

在无菌室取出沉水植物样品，分别选取形态一致的茎叶组织鲜重 40g，使用振荡-超声波法洗脱表面附着物（何聃等，2014）。洗脱液通过 1.2μm 乙酸纤维混合膜将大颗粒物除去，滤液再通过 0.22μm 乙酸纤维混合膜，滤膜保存在 -20℃下。

4. 样品总 DNA 提取

按照 E. Z. N. A. Water DNA 试剂盒步骤提取样品基因组总 DNA。使用 NanoDrop2000 超微量紫外分光光度计检测 DNA 浓度和纯度。DNA 样本于 -20℃下冻存。

5. T-RFLP 分析

使用通用引物对 27F/1492R 扩增 16S rDNA 部分片段（Sipila et al,

2008；Swan et al，2010；Wells et al，2011）。其中上游引物 27F 的 5′末端使用 FAM 荧光标记。PCR 扩增体系：模板 DNA2μL，上、下游引物各 1μL，2×EasyTaq® PCR SuperMix25μL（TransGenic Biotech），ddH$_2$O 补足 50μL。94℃5min；94℃30s，56℃30s，72℃1min，35 个循环；72℃10min。PCR 产物经 1% 的琼脂糖凝胶电泳检测后用 DNA 纯化试剂盒纯化。

用限制性内切酶 Msp I 对上述 PCR 产物进行酶切，反应体系为 Msp I 0.5μL，10×REbuffer 2μL，BSA0.2μL，PCR 产物 20μL，用 ddH$_2$O 将反应体系补足到 40μL。混匀后在 37℃下酶切 4h，80℃下作用 20min 后停止反应，酶切产物交由上海生物工程有限公司进行限制性片段的基因扫描，由 Peak Scanner Software V1.0 软件分析处理获得附着细菌的 T-RFLP 图谱。

6. 数据处理

T-RFLP 图谱采用 Genemarker V2.4 软件进行处理。单个 T-RF（terminal restriction fragment）的相对峰面积（P_i）可通过公式 $P_i = n_i / N \times 100\%$ 进行计算，其中，n_i 为单个 T-RF 的实际峰面积，N 为图谱中所有峰的面积之和。本实验中 P_i 值仅采用片段长度在 50～650bp 区间的 T-RF 数值进行统计计算作为各 T-RF 的相对丰度，相对丰度小于 1% 的 T-RF 不予考虑，计算 Shannon-Weiner 多样性指数、Simpson 多样性指数，通过 Phylogenetic Assignment Tool 数据库（https：// secure. limnology. wisc. edu/ trflp/）对主要 T-RFs 所代表的物种进行推测。

根据不同样品中 T-RF 的丰度大小将物种数据进行标准化处理后，通过 Canoco4.5 软件进行主成分分析（PCA），为了研究群落结构与环境因子的关系，首先对物种数据进行去趋势对应分析（DCA），结果表明第一排序轴长度为 1.603（<2），因此选用基于线性模型的冗余分析（RDA）。采用手动选择，找出对群落结构变化有显著影响（$P < 0.05$）的环境因子，利用 Monte Carlo permutation test 检验 RDA 排序轴特征值的显著性。利用 PRIMER 软件对 3 种沉水植物的片段信息做一元 ANOSIM 统计分析，检测它们之间的相似性。

二、 三种沉水植物附着细菌群落组成分析

不同沉水植物附着细菌的相对丰度差异明显（图 2-3）。数据表明，长度为 91bp 的 T-RF 在全部样品中都被检测出，并且在其中 7 个样品中相对丰度超过了 20%，尤其在金鱼藻样品中，该片段的平均相对丰度达到了 27%。长度为 167bp 的 T-RF 也广泛存在于所有样品中，且在各样品中相对丰度均大于 10%，并在一个金鱼藻样品中相对丰度达到了 30%。长度为 143bp 的 T-RF 在篦齿眼子菜和菹草样品中相对丰度平均达到了 11% 和 20%，而在金鱼藻样品中相对丰度却小于 1%；89bp 的 T-RF 在金鱼藻样品中相对丰度平均约为 13%，而在菹草和篦齿眼子菜样品中相对丰度低于 5%；94bp 的 T-RF 在菹草样品中相对丰度超过 15%，而在其他样品中未被检测出；91bp 和 167bp 所代表的细菌在 3 种沉水植物附着细菌中所占比例较高且含量相对稳定。

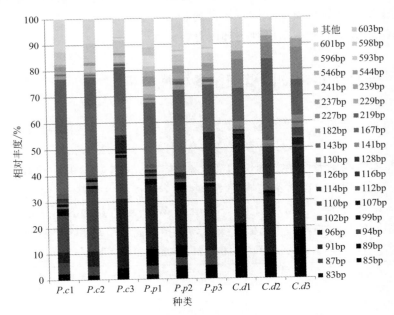

图 2-3　洪泽湖不同沉水植物附着细菌群落结构

（P.c、P.p、C.d 分别代表菹草、篦齿眼子菜和金鱼藻样品）

通过细菌数据库的比对，对一些优势 T-RFs 代表的物种进行了推测，分别是厚壁菌门（89bp）、拟杆菌门（91bp）、γ-变形菌纲/放线菌门（143bp）、放线菌门/α-变形菌纲（167bp）等类别。拟杆菌门在淡水湖泊生态系统中起着非常重要的作用，可以促进部分有机大分子物质分解（Kirchman，2002）。Vander Gucht（Vander Gucht et al，2005）的研究表明，在以浮游藻类为主要初级生产者的浊水态湖泊中主要是蓝藻门，而在以高等水生植物为初级生产者的清水态湖泊中则以拟杆菌门居多，这与洪泽湖的实际情况相符。而变形菌门广泛分布于全球不同类型的湖泊中，数量极为丰富，这类细菌往往有显著的固氮作用。

菹草和篦齿眼子菜均属于眼子菜科植物，金鱼藻属于金鱼藻科植物。三种沉水植物的叶片形态差异极大，篦齿眼子菜的叶片为线形；菹草的叶片为线状披针形，边缘呈浅波状，有细小锯齿；金鱼藻叶片为轮生，边缘有散生的刺状细齿。不同的叶形为细菌提供了不同的附着基质。此外，在生长过程中，不同植物内生细菌可能会通过组织缝隙、表面裂口等物理通道或随植物的代谢产物一并迁移到植物叶表，最终各自形成独特的细菌群落结构（何聃等，2014）。除了这些原因，附着细菌的生长繁殖可能与周围水体环境密切相关，营养盐负荷、特殊的生境条件等都会影响附着细菌的种类和丰度。

三、 三种沉水植物附着细菌多样性分析

菹草、篦齿眼子菜和金鱼藻附着细菌的 T-RFs 平均数目分别为 44个、49 个和 35 个。三种沉水植物附着细菌的多样性指数如表 2-3 所列。三种沉水植物附着细菌多样性的变化规律与 T-RFs 数量的变化规律基本一致。篦齿眼子菜附着细菌有较高的物种多样性指数，其次是菹草，金鱼藻附着细菌的多样性指数最低。Shannon-Weiner 指数和 Simpson 指数也呈现相同的变化趋势。篦齿眼子菜均匀度指数高于菹草和金鱼藻。

表 2-3　三种沉水植物附着细菌的多样性指数

种类	T-RFs	Shannon-Weiner 指数	Simpson 指数	Pielou 指数
菹草群丛	44	2.524	0.851	0.669
篦齿眼子菜群丛	49	2.835	0.891	0.715
金鱼藻群丛	35	2.330	0.837	0.669

一些研究报道过沉水植物与附着细菌发生相互作用时能分泌出一些有机化合物，主要是植物次生代谢物（如酚类等），这些化合物能够对其他

光养生物或微生物产生影响（边归国等，2012）。化感物质是一种植物向周围环境中释放的化学物质，对其他个体产生有益或有害作用（肖溪等，2009）。不同沉水植物释放的化学物质种类和浓度存在较大差异。有研究者比较了不同水生植物的化感活性，其中金鱼藻（*Ceratophyllum demersum*）、水盾草（*Cabomba caroliniana*）、穗花狐尾藻（*Myriophyllum spicatum*）等化感活性相对较强，其次是伊乐藻（*Elodea nuttallii*）、茨藻（*Najas marina*）、轮叶狐尾藻（*Myriophyllum verticillatum*）等，而眼子菜科的植物（*Potamogeton*）化感活性相对较低（Hilt，Gross，2008）。肖溪等（2009）也对几种沉水植物的化感物质进行了类似的研究，对于化感活性强的植物，大量胞外分泌物可能有针对性地抑制一种或者几种细菌的生长，降低细菌的多样性。Hempel等（2008）对轮藻（*Chara*）和狐尾藻（*Myriophyllum verticillatum*）附着细菌的研究表明，植物体分泌出的不同的多酚类物质对表面附着细菌有抑制作用，其中拟杆菌门的丰度受这类物质含量的影响较大。本研究中的三种沉水植物，其中金鱼藻已被报道有较强的化感活性，篦齿眼子菜和菹草的化感活性较弱（肖溪等，2009），这有可能导致金鱼藻附着细菌的多样性明显低于另外两种沉水植物。

四、 三种沉水植物附着细菌群落结构差异性分析

基于样品 T-RFLP 数据进行主成分分析（图 2-4）。图中点的距离越近代表样品相似性程度越高。结果表明，所有样品大致可以分为两个独立的群，金鱼藻单独可以聚为一类，而篦齿眼子菜和菹草可以聚为一类，表明菹草和篦齿眼子菜的附着细菌群落结构具有较高的相似性。

为进一步了解不同沉水植物附着细菌群落结构的相似性情况，利用PRIMER 软件对三种植物做一元 ANOSIM 统计分析，R 值越接近 1，表明样本之间的差异越大，越倾向于分类到不同的组群内。结果显示，篦齿眼子菜和金鱼藻群落组间差异最大（$R=0.815$，$P=0.1$），其次是菹草和金鱼藻群落（$R=0.407$，$P=0.1$），菹草和篦齿眼子菜群落结构差异最小（$R=0.185$，$P=0.3$）。

三种沉水植物群落结构表现出的差异性非常明显，植物本身和外界环境都对附着细菌群落造成一定的影响。不同植物叶片通常包含了不同比例

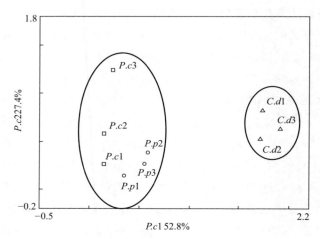

图 2-4　基于 T-RFLP 数据的主成分分析

（$P.c$、$P.p$，$C.d$ 分别代表菹草、篦齿眼子菜和金鱼藻样品）

的化学物质和代谢产物（Fiehn，2010），一些水生植物如狐尾藻和轮藻，它们本身可以产生多酚和环硫化合物，为某些物种提供了一个特有的生存环境，从而影响到水体中细菌在附着时的选择。此外，叶片的角质层、叶龄等因素的差异对附着细菌群落结构的影响都非常大，仍然需要更深入的研究去探讨不同沉水植物附着细菌群落差异的具体机制。

五、 小结

① 三种沉水植物附着细菌群落结构有明显的差异性。143bp 的 T-RF 在菹草和篦齿眼子菜附着细菌中的平均相对丰度达到了 20％和 11％，而在金鱼藻中的相对丰度小于 1％；89bp 的 T-RF 在金鱼藻中的平均相对丰度约为 13％，而在菹草和篦齿眼子菜中相对丰度小于 5％；94bp 的 T-RF 在菹草样品中的相对丰度超过 15％，而在其他样品中未被检测出。

② 三种沉水植物附着细菌的多样性高低依次是篦齿眼子菜、菹草、金鱼藻。三种沉水植物附着细菌的群落结构具有明显差异，表现出一定的宿主专一性。篦齿眼子菜和菹草附着细菌的群落结构相似性很高，金鱼藻附着细菌的群落结构与其他两种植物相差较大。一方面是不同种类沉水植物叶片的物理结构差别很大；另一方面是三种沉水植物的化感活性相差很大，其中金鱼藻最强，其次是篦齿眼子菜、菹草。

第三节　典型沉水植物微界面附植生物组成和结构

在富营养化浅水湖泊中，大量的藻类、微生物、碎屑、颗粒等附着在沉水植物茎叶表面，形成了特殊的生物-水微界面。微界面附着物可阻抑沉水植物对光和养分的吸收利用，制约沉水植物的生长发育（Liboriussen，Jeppesen，2006；Sand-Jensen et al，1989；秦伯强等，2006；董彬，2013；Dong et al，2014），导致沉水植物退化甚至消失。对沉水植物附着藻类或附着细菌的研究相对较多（Pomazkina et al，2012；Hempel et al，2009；Hempel et al，2008；苏胜齐等，2002；Allanson，1973；何聃等，2014），而对典型沉水植物茎叶微界面基本结构的研究比较少见（Rogers，Breen，1981）。藻类、细菌和宿主植物基质的紧密关系对理解微界面整体的功能非常必要，探明微界面的真实结构是必须的步骤。因此，对沉水植物茎叶微界面组成、基本结构、特征及生态效应的研究尤为重要和迫切。但我们对沉水植物微界面每个部分的真实结构、空间排列方式、功能及各部分之间的空间关系还了解甚少。鉴于此，利用环境扫描电子显微镜结合微电极、化学分析、形态分析手段，对富营养化水体中处于稳定生长期的三种典型沉水植物茎叶微界面结构进行了精细分析，为后续研究微界面的环境特征、影响因素及生态环境效应提供理论依据。

一、材料和方法

1. 实验材料选取

在前期野外调查的基础上，选择处于稳定生长期（成熟期）的菹草（*Potamogeton crispus*）、苦草（*Vallisneria natans*）、马来眼子菜（*Pota-*

mogeton malaianus）三种典型沉水植物作为实验材料。

菹草为眼子菜科、眼子菜属沉水草本植物，茎多分枝，叶条形，无柄。其生命周期与多数水生植物不同，在秋季发芽，冬春生长，4～5 月开花结果，夏季 6 月后逐渐衰退腐烂，同时形成鳞枝（冬芽）以度过不适环境。菹草生于池塘、湖泊、溪流中，静水池塘或沟渠较多，为世界广布种。

苦草为水鳖科、苦草属多年生喜温性沉水草本植物，具匍匐茎，叶基生，线形或带形，长 20～200cm，宽 0.5～2cm，无叶柄，由泥内叶腋内的腋芽长出分枝，分枝节上产生不定根，形成新苗。苦草叶冬季衰亡，块状茎在泥中休眠越冬，春季腋芽形成新的植株。

马来眼子菜属于眼子菜科、眼子菜属沉水植物，宿根性多年生，根茎发达，节间长，叶条形或条状披针形，叶片边缘浅波状，常在近水表层形成较多的分枝，主要以水平根状茎产生分枝进行营养繁殖。冬季，茎、叶全部死亡，以地下根状茎越冬，春季从地下根状茎上萌生新苗（连光华，张圣照，1996）。

菹草于 2012 年 4 月下旬晴天采自南京市玄武湖（118.79°E，32.08°N）。苦草和马来眼子菜于 2012 年 10 月上旬晴天采自太湖沉水植物丰富的胥口湾（120.354°E，31.126°N）。

2. 微界面附着物的采集和附着物组成指标的测定

在沉水植物生长的稳定期，用剪刀从不同植株上采集典型茎叶，装入盛有无菌水的聚乙烯瓶中，每个样品 5 个平行，带回实验室。用软毛刷和无菌水轻刷洗植物表面，用显微镜（OLYMPUS CX31）观察，确保附着物完全刷下且茎叶表面未受损。刷洗液连同软毛刷冲洗液一并收集，将收集的样品定容。

（1）附着藻类和附着动物的测定　往用于附着藻类和附着原生动物及轮虫的定量观测的一份样品中加鲁哥试剂和福尔马林固定，静置 24h 后浓缩至 30mL。在显微镜下全片计数附着藻类和原生动物数量（平行 3 次）。附着藻类和附着动物计数的方法参考标准方法（魏复盛，2002），种类鉴定参照文献（胡鸿钧，魏印心，2006；韩茂森，束蕴芳，1995；蒋燮治，堵南山，1979），生物量计算参照文献（金相灿，屠清瑛，1990）。

（2）细菌总数的测定 附着细菌总数用荧光显微镜（BX50BX-FLA，Olympus，日本）计数。附着物悬浊液样品用 1‰ 的戊二醛固定，用蒸馏水稀释 10 倍后混匀。用 1mg/mL 的 DAPI(4′,6-二脒基-2-苯基吲哚)溶液避光染色 30min 后，过滤至 0.22μm 的滤膜上。在荧光显微镜下观察滤膜制片，呈荧光亮蓝的颗粒记为细菌。

（3）附着物干重、附着物无灰干重和附着物灰分重的测定 另 3 份样品的附着物悬浊液均分成 4 等份，2 份通过预烧和预称重的 WhatmanGF/C 滤膜（孔径 0.45μm）真空抽滤，用于干重分析；另 2 份通过乙酸纤维滤膜（孔径 0.45μm）真空抽滤，用于叶绿素 a 分析。附着物干重（DW）通过真空抽滤后将带有附着物的滤膜在 105℃ 下烘 24h 测定。附着物灰分重（AW）通过抽滤物在马弗炉中 550℃ 下燃烧 4h 测得。附着物的无灰干重（free-ashdry weight，FADW）通过燃烧损失的质量干重与灰分重之差计算得到，也可表示附着有机物含量（Asaeda et al，2004；Pan et al，2000；董彬等，2013；Dong et al，2014）。附着物叶绿素 a（Chl-a）采用标准方法测定（魏复盛，2002），得到的结果通过植物单位干重计算。附着藻类密度与生物量单位采用 $10^3 ind/cm^2$，沉水植物和植株表面积用 Licor LI3000Areameter 测定。

3. 微界面附着物结构的测定

用环境扫描电子显微镜（XL30-ESEM，PHILIPS，荷兰）分析微界面附着物表面结构，用环境扫描电子显微镜结合冷冻系统和光学显微镜分析附着物剖面结构。

4. 水质指标的测定

用连续流动水质分析仪（AutoAnalyzer3，德国）采用标准方法分析水体总磷（TP）、总氮（TN）、NH_4^+-N、NO_3^--N。TP 采用钼锑抗分光光度法测定，TN 采用过硫酸钾氧化紫外分光光度法测定，NH_4^+-N 采用水杨酸分光光度法测定，NO_3^--N 的测定采用镉柱还原法（魏复盛，2002）。

5. 数据处理

采用 SPSS 17.0 进行数据统计分析。统计分析前，对所有数据先进行正态分布和方差齐性的假设检验。采用 Origin Pro8 进行绘图。

二、 微界面附着物组成复杂

沉水植物微界面附着物主要由附着藻类、原生动物、微生物、泥沙、钙化质颗粒及碎屑等组成。附着藻类附着密度是指植株单位表面积上附着藻类的数量。三种沉水植物附着藻类的平均密度均以硅藻门最大（表 2-4 和表 2-5），卵圆形硅藻是主要类群，绿藻门其次，金藻门和裸藻门相对较低；就附着藻类的平均生物量而言，硅藻门仍占优势，表明硅藻是附着藻类的主要种类（图 2-5），这与苏胜齐等（2002）和由文辉（1999）的研究结果一致。与附着藻类相比，附着动物密度比较低（表 2-6），以原生动物为主，无脊椎大型附着动物以寡毛类和腹足类较为常见，偶见线虫类和甲壳类动物等。附着细菌的数量显著高于附着藻类和附着动物（表 2-7），高出附着藻类 2～3 个数量级。

微界面附着物的化学成分比较复杂（表 2-8），按照国际上通用的分类方法对有机和无机成分进行定量 ［附着物无灰干重（FADW）代表活的和死的有机成分，附着物灰分重（AW）代表无机成分，附着物叶绿素 a 含量（Chl-a）代表活的自养有机成分，附着物干重（DW）代表有机和无机成分的总和］。附着物以无机成分为主，占附着物总量的 76.59%～83.38%，无机成分主要以 $CaCO_3$ 为主。这与以前的研究结果一致，在研究 Mikolajskie 湖 4 种沉水植物（*Potamogeton perfoliatus*、*Potamogeton lucens*、*Elodea canadensis and Myriophyllum spicatum*）灰分含量范围之内（70%～87%）（Kowalczewski，1975），$CaCO_3$ 含量略高于光叶眼子菜（*Potamogeton lucens*）附着物灰分含量（76%）（Romanów，Witek，2011）。但也有例外，Wetzel 在钙质硬水水体中发现沉水植物叶面附着的碳酸盐沉积物经常超过植物本身的重量（Wetzel，1960）。有机成分主要由附着藻类、附着原生动物、附着细菌和死的碎屑组成，所占比例相对较低，但对微界面具有重要的生理生态意义。附着物的养分含量（如 TOC、TN、TP）丰富（表 2-8）。附着物 TOC 含量较高（75.29～106.99g/kg），明显高于相应沉积物的，可以为附植生物提供丰富的碳源。TN 含量较高（2.43～7.01g/kg），与相应

沉积物的相当或高于沉积物的 TN 含量。而附着物 TP 含量相对较低
(0.15～0.39g/kg)，略低于相应沉积物。

表 2-4　附着藻类种类和频度

种属	菹草 (Potamogeton crispus)	苦草 (Vallisneria natans)	马来眼子菜 (Potamogeton malaianus)
蓝藻门(Cyanophyta)			
石囊藻属(Entophysalis)	18.25	17.66	20.2
平裂藻属(Merismopedia)	0.51	1.61	1.21
色球藻属(Chroococcus)	1.21	2.01	0.87
颤藻属(Oscillatoria)	4.22	3.8	1.35
微囊藻属(Microcystis)	0.08	0.34	5.68
束球藻属(Gomphosphaeria)	0.11	0.23	0.15
席藻属(Phormidium)	0.09	0.11	0.08
胶刺藻属(Gloeotrichia)	0.07	0.06	0.02
细胞总数计数	1144	1203	1378
藻类总数百分数/%	24.54	25.82	29.56
绿藻门(Chlorophyta)			
小球藻属(Chlorella)	8.16	7.33	—
胶毛藻属(Chaetophoraceae)	22	15.61	13.93
纤维藻属(Ankistrodesmus)	9.2	1.21	2.01
四链藻属(Tetradesmus)	0.01	0.32	0.55
单针藻属(Monoraphidium)	—	1.05	1.04
集星藻属(Actinastrum)	0.62	0.68	0.5
栅裂藻属(Scenedesmus)	—	1.04	0.66
水棉属(Spirogyra)	0.08	0.84	0.14
衣藻属(Chlamydomonas)	—	0.17	1.80
十字藻属(Crucigenia)	0.02	0.88	0.96
刚毛藻属(Cladophora)	1.04	2.57	5.47
丝藻属(Uathrix)	1.12	1.68	3.15
新月藻属(Closterium)	0.02	2.01	0.88
空星藻属(Coelastrum)	1.32	0.62	—
团藻属(Volvax)	0.93	0.14	0.16
细胞总数计数	2076	1686	1458
藻类总数百分数/%	44.52	36.15	31.25
硅藻门(Bacillariophyta)			
直链藻属(Melosira)	0.6	5.21	3.57
小环藻属(Cyclotella)	1.59	7.02	5.46
羽纹藻属(Pinnularia)	1.94	1.02	1.18
舟形藻属(Navicula)	10.3	6.75	12.32
脆杆藻属(Fragilaria)	2.61	5.21	1.68
针杆藻属(Synedra)	2.20	1.72	2.05
桥弯藻属(Cymbella)	2.66	0.85	1.07

续表

种属	菹草 (*Potamogeton crispus*)	苦草 (*Vallisneria natans*)	马来眼子菜 (*Potamogeton malaianus*)
异极藻属(*Gomphonema*)	3.56	0.08	4.56
细胞总数计数	1187	1299	1486
藻类总数百分数/%	25.46	27.86	31.89
裸藻门(Euglenophyta)			
裸藻属(*Euglena*)	0.62	2.8	0.11
柄裸藻属(*Colacium*)	1.86	3.9	3.67
细胞总数计数	116	312	176
藻类总数百分数/%	2.48	6.7	3.78
金藻门(Chrysophyta)			
金钟藻属(*Chrysopyxis*)	0.63	0.18	0.88
水树藻属(*Hydrurus*)	0.14	0.09	0.79
细胞总数计数	36	13	78
藻类总数百分数/%	0.77	0.27	1.67
隐藻门(Cryptophyta)			
蓝隐藻属(*Chroomonas*)	1.26	1.11	0.87
隐藻属(*Cryptomonas*)	0.97	2.09	0.98
细胞总数计数	104	149	86
藻类总数百分数/%	2.23	3.2	1.85

表 2-5　典型沉水植物附着藻类密度和生物量 单位：10^3ind/cm^2

种属	菹草 (*Potamogeton crispus*)	苦草 (*Vallisneria natans*)	马来眼子菜 (*Potamogeton malaianus*)
蓝藻门(Cyanophyta)	7.61±0.18	3.90±0.09	3.42±0.06
绿藻门(Chlorophyta)	12.87±0.60	7.26±0.10	9.03±0.11
硅藻门(Bacillariophyta)	41.86±1.08	24.56±0.61	19.25±0.42
裸藻门(Euglenophyta)	0.03±0.00	0.02±0.00	0.02±0.00
金藻门(Chrysophyta)	0.02±0.00	0.03±0.00	0.04±0.00
隐藻门(Cryptophyta)	0.24±0.01	0.17±0.01	0.09±0.00
合计密度	62.63±1.9	35.94±0.82	31.85±0.63
平均生物量	220.73±7.51	147.22±3.82	125.31±3.20

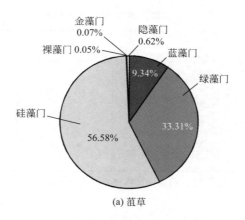

(a) 菹草

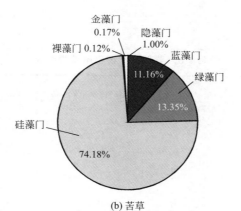

(b) 苦草

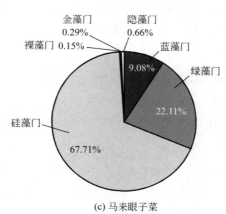

(c) 马来眼子菜

图 2-5　沉水植物微界面附着藻类生物量比例

表 2-6　典型沉水植物附着动物密度　　　　　　单位：ind/m²

种属	菹草 (Potamogeton crispus)	苦草 (Vallisneria natans)	马来眼子菜 (Potamogeton malaianus)
原生动物门(Prodozoa)	187	179	182
轮虫动物门(Rotifera)	32	28	30
节肢动物门(Arthropoda)	1	1	1
环节动物门(Annelida)	5	4	3
线虫动物门(Nematoda)	1	1	1
软体动物门(Mollusca)	10	11	12
扁形动物门(Platyhelminthes)	9	7	10
合计密度	245	231	239

表 2-7　典型沉水植物表面附着细菌密度

单位：10⁶ 个细胞/m²

种属	菹草 (Potamogeton crispus)	苦草 (Vallisneria natans)	马来眼子菜 (Potamogeton malaianus)
细菌数	7.12	2.42	3.55
误差	3.15%	2.21%	2.34%

表 2-8　典型沉水植物附着物组成

项目	菹草 (Potamogeton crispus)	苦草 (Vallisneria natans)	马来眼子菜 (Potamogeton malaianus)
DW/(mg/cm²)	5.17±0.41	4.01±0.30	4.29±0.35
FADW/(mg/cm²)	1.22±0.09	0.86±0.06	0.91±0.06
AW/(mg/cm²)	3.95±0.32	3.15±0.25	3.39±0.26
Chl-a/(μg/cm²)	3.41±0.25	1.42±0.08	2.23±0.11
厚度/μm	700±35	500±33	550±37
TOC/(g/kg)	101.29±5.70	77.69±3.85	89.55±5.97
TN/(g/kg)	2.43±0.12	6.57±0.33	7.01±0.34
TP/(g/kg)	0.15±0.01	0.32±0.02	0.39±0.02

注：DW 为附着物干重；FADW 为附着物无灰干重；AW 为附着物灰分重；Chl-a 为附着物叶绿素 a 含量；TN 为总氮；TP 为总磷；TOC 为总有机碳。

三、 微界面附着物空间结构复杂

附着物是微界面的重要物质成分。为深入揭示微界面的空间结构，利用环境扫描电镜和光学显微镜，从不同角度和尺度分析微界面附着物的结构特征。微界面附着物的精细结构可由图 2-6 和图 2-7 看出，扫描电镜显微图清晰地表明了附着物原位结构的复杂性。成熟的沉水植物叶微界面附着物结构异质性大，是附植生物-碳酸盐-黏液复合体（图 2-6、图 2-7）。在钙质附着物表面是一层较薄的硅藻群落，附着藻类和细菌构成了复杂的微生物群落。片断状的膜在沉积在细胞壁上的钙质附着物上延伸形成各种结构的胶质物，这种胶质物形成黏液质的基质，可以固着结构松散的硅质成分。在适宜的环境条件下，微界面附着物可以持续生长并提供附植生物群集的新表面。不同沉水植物微界面附着物存在差异（图 2-6）。在定居的和附着的硅藻中，个别硅藻膜是结合还是附着在基质上主要受黏液的影

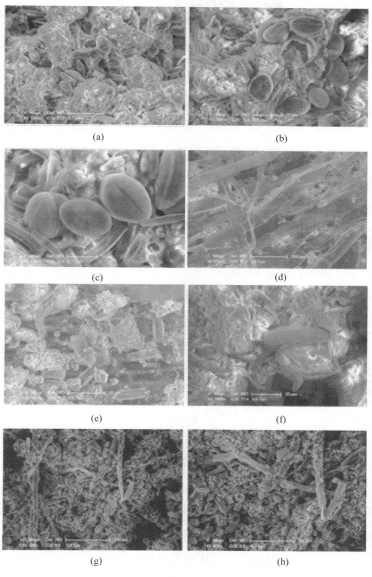

图 2-6

(i)

图 2-6　成熟菹草、苦草、马来眼子菜叶微界面附着物

表面扫描电子显微图

（a）～（c）—菹草成熟叶；（d）～（f）—苦草成熟叶；（g）～（i）—马来眼子菜成熟叶

响。藻类附着在基质上的方式主要有两种：细胞可能沿着其整个表面附着，如卵形藻属（Cocconeis）、窗文藻属（Epithemia）和双眉藻属（Amphora）；或者用分枝的黏液性秆附着，如异极藻属（Gomphonema）。随着植物生长和附着物的持续附着，生物种类和数量以及非生物成分越来越复杂。

目前，沉水植物茎叶表面附着层厚度尚未有可行的测定方法，有学者通过附着层内 O_2 产生波动来表征其厚度（Jones，2000；Sand-Jensen，1985），根据这种方法，本研究中处于稳定生长期沉水植物附着层的厚度为366.31～414.80μm，在 Sand-Jensen 等研究结果范围之内（200～2000μm）（Sand-Jensen et al，1985），广义扩散边界层厚度为 1062～1202μm。附着层的孔隙度为 0.7～1.0（体积比），含水率较高（95.9%～125%）。附着物干重（DW）直接影响附着层的厚度和微界面扩散边界层的厚度，附着物干重越大，附着层和微界面扩散边界层越厚。

四、　沉水植物微界面空间结构讨论

沉水植物微界面作为一个功能微系统，对其结构的研究还比较少见。附着物作为微界面的重要组成部分，其结构组成对微界面结构有重要的影响。但目前对微界面附着物的采集和各种指标的测定还没有标准统一的方法。对微界面附着物的已有研究主要集中在附着物藻类或附着细菌群落组

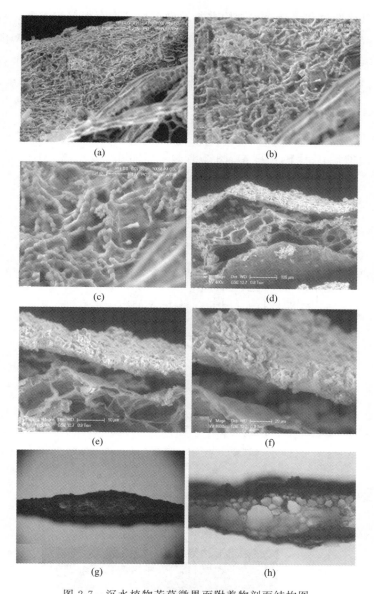

图 2-7　沉水植物苦草微界面附着物剖面结构图

（a）～（c）—附着藻类较多；（d）～（f）—异养成分较多；（g）、（h）—光学显微镜下结构

成和结构的调查分析上，而对群落结构与功能的关系、动态变化与稳态维持等方面还涉及较少。对附着动物定性和定量的研究非常少（Cattaneo et al，1998；廖祖荷，顾泳洁，2003）。沉水植物作为具有生理生物活性的

基质，其代谢过程可能对表面附着物及微界面结构有重要的影响。对附着微生物群落进行分析的结果显示，微生物总密度比附着藻类的总密度要大2～3个数量级，这主要与附着微生物个体较小（纳米级）、表面带有一定量电荷以便于黏附和植物分泌利于微生物的代谢物质有关（刘凯辉等，2015；Gniazdowska，Bogatek，2005；罗岳平等，1996）。

Reddy证实湿地植物根系附近存在富氧-厌氧微环境，并提出了根-沉积物界面的硝化-反硝化理论[图 2-8（a）]（Reddy，1989）。本研究表明，

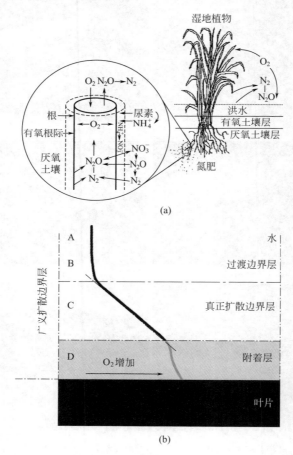

图 2-8　微界面结构示意

位于水面以下的沉水植物茎叶表面附着了有机质、泥沙、菌胶团、藻类等，形成了厚度不等的附着层，茎叶微界面亦存在这种异质性微环境[图2-8(b)]。因此，一般来说，沉水植物茎叶微界面的完整结构应由附着层、

真正扩散边界层和过渡边界层 3 部分组成[图 2-8(b)]。3 个部分的厚度主要受植物种类、生长阶段、水体营养盐浓度、透明度和底质等的影响。

微界面的形成具有重要的生态意义。沉水植物茎叶微界面是分阶段逐渐形成的，伴随着附着物的附着过程。附着细菌和附着藻类最初的附着是可逆的，作用力比较弱，易脱落。随着细菌和藻类在附着过程中不断分泌细胞外聚合物，附着作用力逐渐增强，生物作用逐渐重要，附着细菌和藻类分泌大量细胞外聚合物使附着的稳定性增加，附着过程由可逆成为不可逆（Fletcher，1980；Wrangstadh et al，1986）。在环境条件适宜的情况下，附着细菌和藻类不断增殖扩展，逐渐形成了结构复杂的微群落结构。初步研究表明，首先是个体较小的细菌附着，接着是运动能力差的藻类附着，形成了第一附着层，然后是其他藻类、细菌和原生动物附着，从而形成了层次复杂的微界面。这种微界面一方面通过遮阴作用影响植物的光合作用，另一方面又通过附着物减缓水生植物对重金属和有机污染物的吸收，起到屏障作用。

五、　微界面研究技术评价

附植生物生态学和技术的发展是平行的，微电极和光纤技术使研究者可在附着层内进行精细的生物地球化学剖面研究（Kühl，Polerecky，2008；Wang et al，2013b）。声学和光学速度计可用来描述附植生物群落附近和内部的水力条件、去向和来自附植生物的边界层运输（Larned，2010）。共焦激光扫描显微镜通过使精细尺度研究完整的附植生物结构成为可能，影响了附植生物-景观研究（Larson，Passy，2005）。脉冲-调幅荧光仪（pulse-amplitude modulated，PAM）允许生态学家原位测定附植生物群落的光合作用（Muller et al，2008；Larned，2010）。但是，以前的研究多集中在底栖附着物或藻垫的研究上，而对沉水植物微界面附着物的相关研究较少，由于沉水植物是具有生理活性的基质，上述方法有时并不能照搬应用（表 2-9）。光学显微镜由于不能观测到微界面附着物的三维结构（three-dimensional structure of the association），研究植物-附着物的复杂关系是受限的，但它可以协助检测微界面附着物的全貌，在此基础上选择有代表性的样品片段进行深入观测。扫描电镜技术大大促进了我们对外部表面结构的了解，将它应用于这一特定方面证明是非常成功的。普通扫描电镜必须对植物样品进行逐级脱水、冷冻干燥和喷金等过程，容易造成附着物的脱落（Rogers，Breen，1981；Allanson，1973；刘凯辉等，2015）和自然结构的破坏，不能反映微界面附着物表面的真实情况。而激光扫描共聚焦电子显微镜（confocal laser scanning microscope，CLSM）需要做切片，易对微界面附着物造成挤压变形，亦不能反映微界面的真实结构（Larson，Passy，2005）。用于扫描电镜的超低温冷冻制样及传输技术（Cryo-SEM）可实现直接观察液体、半液体及对电子束敏感的样品，如生物、高分子材料等。样品经过超低温冷冻、断裂、镀膜制样（喷金/喷碳）等处理后，通过冷冻传输系统放入电镜内的冷台（温度可低至$-185℃$）上即可进行观察。其中，快速冷冻技术可使水在低温状态下呈玻璃态，减少冰晶的产生，从而不影响样品本身结构，冷冻传输系统保证在低温状态下对样品进行电镜观察。冷冻干燥再加上液氮脆断虽可以完整保存横截面形貌，但可能造成特定成分变形，且这大大提高了测试成本。而对于环境扫描电子显微镜来说，可不对沉水植物微界面附着物进行任何前处理，直接分析微界面结构，能呈现微界面附着物的真实结构。本研究率先结合环境扫描电子显微镜、光学显微镜、微电极技术和微量理化分析手段，揭示了沉水植物微界面的基本结构。

表 2-9　沉水植物茎叶微界面结构研究方法比较

研究方法	优点	缺点
光学显微镜（OM）	宏观上观测微界面附着物表面，协助检测微界面全貌	不能研究植物-附着物的复杂关系
普通扫描电镜（SEM）	可在较小尺度上研究微界面附着物结构	需对植物样品进行脱水等前处理，易造成附着物脱落，不能反映其真实结构
激光扫描共聚焦显微镜（CLSM）	可在精细尺度上研究微界面附着物结构	需做切片，易对微界面附着物造成挤压变形
冷冻扫描电镜（Cryo-SEM）	使水在低温状态下呈玻璃态，减少冰晶的产生，可获得微界面的真实形貌	需超低温冷冻、断裂、镀膜制样（喷金/喷碳）等前处理，成本较高
环境扫描电镜（ESEM）	不需对样品进行前处理，可在微米尺度上研究完整的微界面真实结构	真空压力可能使幼嫩细胞发生变形

六、 小结

本研究从微界面物质构成、组成、空间结构等多个角度研究了沉水植物微界面基本结构，探讨了其生态特性及功能。沉水植物茎叶微界面的生态环境意义重大。沉水植物微界面附着物是微界面结构的重要组成部分，其组成复杂，主要由附着藻类、原生动物、微生物、泥沙、钙化质颗粒及无机碎屑等组成。附着藻密度和平均生物量均以硅藻门最大。附着物以无机成分为主，占附着物总量的 76.59% ～ 83.38%，无机成分主要以 $CaCO_3$ 为主。附着物的养分含量（TOC、TN、TP）丰富。附着物 TOC 含量较高（75.29～106.99g/kg），可为附植生物提供丰富的碳源。附着物 TN 含量较高（2.43～7.01g/kg），与相应沉积物的相当或高于沉积物的 TN 含量。

沉水植物微界面的附着物的空间结构复杂，异质性大，是细菌、藻类、基质等联合构成的附植生物-碳酸盐-黏液复合体，由附着层、真正扩散边界层和过渡边界层构成。附着层的孔隙度为 0.7～1.0（体积比），绝对含水率较高（95.9% ～125%）。稳定生长期沉水植物附着层的厚度为 366.31～414.80μm，广义扩散边界层厚度为 1062～1202μm。附着物干重越大，附着层厚度和微界面扩散边界层厚度越大。

第四节　典型沉水植物微界面时空特征

沉水植物微界面厚度往往只有几毫米，但由于存在成分复杂的附着物和植物本身具有生物活性，使微界面环境变得尤为复杂，这种复杂的微环境可能对水生态系统物质的迁移转化具有重要作用。目前，对微界面附着物的生物成分（附着藻类和附着细菌）的研究较为集中和深入（Yan et al，2014；Chung，Wei，2013；Tóth，2013；魏宏农等，2013；张亚娟等，2014），但对其理化性状和微界面环境特征的报道尚未见有系统研究。微界面环境特征是理解微界面功能的前提和基础。沉水植物微界面内附着物的物理化学组成有何特征？微界面环境因子如 O_2 浓度、pH 值和 ORP 的微尺度分布有何特征？对此我们还了解甚少。鉴于此，本研究选择典型沉水植物菹草，利用 Unisense 微电极研究系统结合理化分析手段，分别从时间和空间尺度上研究菹草茎叶微界面附着物和环境因子 O_2 浓度、pH 值和 ORP 的分布，分析了典型沉水植物菹草的茎叶微界面环境时空特征，揭示了造成其差异的可能机理，对深入研究富营养化水体中植物衰退机制和养分循环具有重要意义。

一、 材料和方法

1. 实验材料选取

实验材料选择典型沉水植物菹草 (*Potamogeton crispus*)。菹草采自南京市玄武湖 (118.79°E, 32.08°N)，自 2013 年 3 月上旬至 6 月上旬，分别在菹草幼苗期、快速生长期、稳定期和衰亡期采集整株植物 5～7 株，置于装有冰袋的保温箱中，同时采集原位水 5L，为避免菹草附着物在运输过程中脱落，植物和水分别装在不同的容器中。在菹草稳定期，另采集整株成熟菹草 5～7 株 (株高 120.0cm±5.1cm，叶片数 52±5)，用于测定不同部位[图 2-9(a)]微界面 O_2 浓度、pH 值和 ORP，不同部位即幼叶 (位于顶端附近且完全展开的叶)、成熟叶 (茎中部，叶长 5.0cm±0.3cm，叶宽 0.5 cm±0.02cm，叶面积达到最大但无衰老迹象)、衰老叶 (茎基部附近，明显发黄)、茎 (中部，成熟叶着生附近)。

2. 微界面环境因子 O_2 浓度、 pH 值和 ORP 的测定

将整株植物置于装有原位水的方形玻璃缸中，使整株植物悬浮在水中，将茎和叶片固定在琼脂板上[图 2-9(b)]。通过控温台使水温保持在 (20±0.5)℃。在光纤灯 (BC-150，南京) 控制光密度 $200\mu mol$ 光子/$(m^2 \cdot s)$ 条件下进行测定。使用丹麦微电极研究系统 (Unisense A/S, Arhus, Denmark) 进行测定。将 O_2 微电极 (尖端直径 $10\mu m$) 连接到主

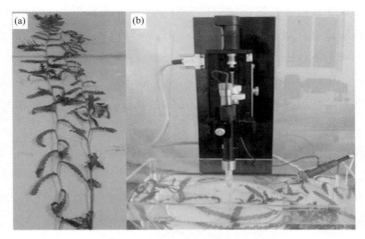

图 2-9　微界面环境因子实测图

机皮安通道上，经过极化信号稳定后，通过无氧水和氧饱水在实验温度下线性校准。将校准后的 O_2 微电极固定在三维操纵器上。pH 微电极用 pH 标准缓冲液 4.00、6.86 和 9.18 线性校准。氧化还原电位（ORP）电极用 pH 4 和 pH 7 的醌氢醌氧化还原溶液进行线性校准（Dong et al，2014）。

3. 菹草叶面 O_2 浓度昼夜变化的测定

在菹草稳定期，采集完整成熟菹草 3 株，用原位水置于方形玻璃缸中在温室内驯化培养 3 天后测定。选择晴朗天气（2013 年 4 月 26 早6：00～27 日早 6：00）在江苏省生态修复平台玻璃温室中进行，借助显微镜和电极信号，找到叶片表面，10min 记录一次数据，连续测定24h。测定 O_2 浓度和温度的同时，采用 ZDR-14 型照度记录仪同步记录光强。2013 年 4 月 26 日 6：00～27 日 6：00，温度最高 30℃，最低13℃，据国家授时中心网站（http：//time.kepu.net.cn/）查询得监测时段日出、日中、日落时刻。4 月 26 日日出时刻为 05：24，日中时刻为 12：03，日落时刻为 18：42，4 月 27 日日出时刻为 05：23，日中时刻为 12：03，日落时刻为 18：42。故将 26 日 6：00～18：42 及 27 日05：23～6：00 作为白昼。

4. 统计分析

采用 SPSS17.0 进行数据统计分析。统计分析前，对所有的数据先进行正态分布和方差齐性的假设检验。用单因素方差分析（ANOVA）检验不同生长阶段茎、叶表面 O_2 浓度、pH 值、ORP、附着物干重（DW）、附着物无灰干重（FADW）、附着物灰分重（AW）、附着物叶绿素 a 含量（Chl-a）和附着物厚度的差异，如果差异显著，进一步通过 TukeyHSD 用单因素方差分析检验（$P < 0.01$）。采用 Origin Pro8 进行绘图。

二、 微界面附着物具明显的时空变化特征

微界面附着物具明显的时间变化。在菹草生命周期内，自幼苗期，随着菹草的生长，附着在其叶表面的附着物及其厚度持续增加[图 2-10(a)；图 2-11(a)]，养分含量（TOC、TN、TP）逐渐增加（图 2-12），到衰亡期，附着物干重、灰分重、无灰分干重、厚度及养分含量达到最大。除附着物叶绿素 a 含量外，附着物干重、灰分重、无灰分干重、厚度和养分含量在菹草幼苗期、快速生长期、稳定期和衰亡期均存在显著差异，衰亡期附着物干重、灰分重、无灰分干重、厚度、TOC、TN 和 TP 含量分别为幼苗期的 3.90 倍、3.75 倍、4.69 倍、5.25 倍、1.39 倍、1.31 倍和 1.70 倍，为快速生长期的 1.98 倍、1.94 倍、2.22 倍、1.98 倍、1.26 倍、1.20 倍和 1.31 倍，为稳定期的 1.48 倍、1.41 倍、1.89 倍、1.48 倍、1.15 倍、1.08 倍和 1.13 倍。

微界面附着物具明显的空间变化。处于稳定生长期的同株成熟菹草，以衰老叶的附着物量、厚度和养分含量（TOC、TN、TP）最大[图 2-10(b)；图 2-11(b)；图 2-12]，成熟叶的其次，幼叶的最小，而茎附着物量介于幼叶和成熟叶之间。除附着物叶绿素 a 含量外，幼叶、成熟叶、衰老叶和茎附着物的干重、灰分重、无灰干重、厚度和养分含量均存在显著差异，衰老叶附着物干重、灰分重、无灰分干重、厚度、TOC、TN 和 TP 含量分别为幼叶的 5.30 倍、5.80 倍、3.69 倍、5.82 倍、1.54 倍、1.45 倍和 1.89 倍，为茎的 2.55 倍、2.84 倍、1.66 倍、2.45 倍、1.46 倍、1.03 倍和 1.46 倍，为成熟叶的 1.52 倍、1.53 倍、1.51 倍、1.53 倍、1.10 倍、1.03 倍和 1.08 倍。

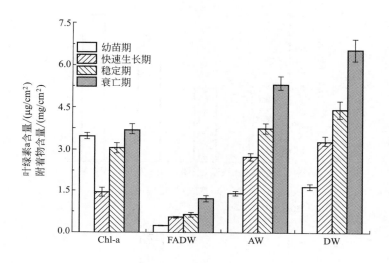

(a) 菹草不同生长阶段

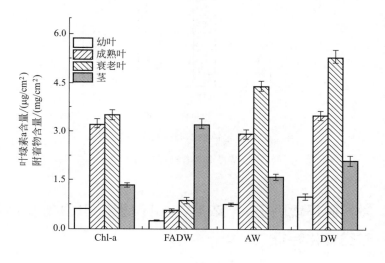

(b) 菹草不同部位

图 2-10　不同生长阶段沉水植物微界面附着物

和不同部位微界面附着物特征

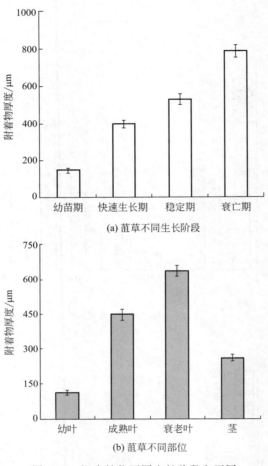

(a) 菹草不同生长阶段

(b) 菹草不同部位

图 2-11　沉水植物不同生长阶段和不同
部位微界面附着物厚度特征

三、 微界面环境因子 O_2 浓度、 pH 值和 ORP 等具明显的时空变化特征

1. 不同生长阶段菹草微界面 O_2 浓度、 pH 值和 ORP 分布特征

微界面 O_2 浓度、pH 值随茎叶表面距离的减小而增大，ORP 则相反。生长阶段显著影响菹草叶微界面 O_2 浓度、pH 值、ORP 分布。在

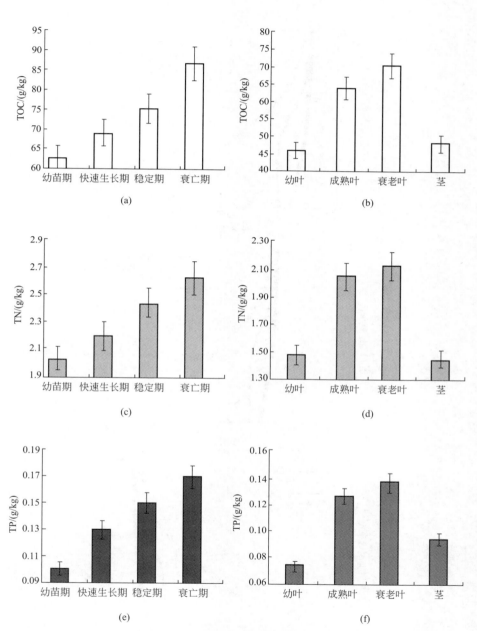

图 2-12　沉水植物不同生长阶段和不
同部位微界面附着物养分特征

菹草生命周期内，不同阶段菹草叶微界面 O_2 浓度、pH 值、ORP 梯度
具明显的变化（图 2-13）。幼苗期，菹草叶微界面 O_2 浓度和 pH 值随距

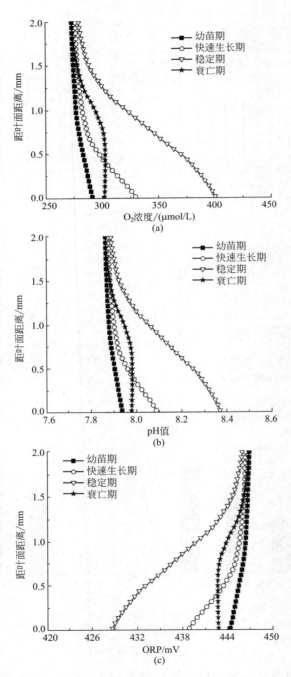

图 2-13 不同生长阶段菹草叶微界面环境因子分布

叶面距离的减小而显著增大，ORP 则随距叶面距离的减小而显著降低，但变化幅度较小（叶面 O_2 浓度为 $291.7\mu mol/L$，pH 值为 7.93，ORP 为 444.3mV）；进入快速生长期，叶微界面 O_2 浓度和 pH 值增加幅度显著增大，而 ORP 降低的幅度亦明显增大（叶表面 O_2 浓度为 $330.67\mu mol/L$，pH 值为 8.09，ORP 为 438.7mV）；稳定期，叶微界面 O_2 浓度和 pH 值梯度随距离减小而增加幅度最大，ORP 降低幅度达到最大，叶微界面 O_2 浓度和 pH 值达到生命周内最大（叶面 O_2 浓度为 $401.3\mu mol/L$，pH 值为 8.37），ORP 则降至生命周期内最低（428.51mV）；衰亡期，叶微界面 O_2 浓度增加幅度较小，但由于附着层较厚，影响了 O_2、pH 值和 ORP 分布的趋势，进入附着层后 O_2 浓度和 pH 值增加幅度和 ORP 降低幅度均显著降低，甚至出现了 O_2 浓度和 pH 值降低的现象。这可能是由附着层内的有机物质消耗 O_2 造成的。

2. 菹草叶表面 O_2 浓度存在明显的昼夜变化

菹草叶表面 O_2 浓度呈昼高夜低的单峰变化趋势（图 2-14）。受光照和温度的影响，白天，日出后 O_2 浓度随光照的增强持续升高，至 15：00 达到全天高峰 $521.2\mu mol/L$，此后 O_2 浓度随光照减弱而持续下降，日落后，O_2 浓度继续下降，至日出前 5：10 降至全天最低 $18.8\mu mol/L$。日出后，O_2 浓度又持续回升。叶表面 O_2 浓度的明显的昼夜变化主要是由光照和水温的变化造成的。光照和水温的变化直接引起了菹草光合放氧能力的变化。菹草叶表 O_2 浓度主要受菹草光合放氧速率和呼吸好氧速率的综合影响。日出后，光照强度逐渐增强，叶面 O_2 浓度逐渐升高。一般来说，水体中 O_2 浓度与水温呈反相关关系，即温度越高，水体中 O_2 浓度越低。本研究中，并未观测到随水温升高而 O_2 浓度下降的现象，可能是由于光对植物放氧的影响更大，抵消了因温度升高造成的 O_2 浓度下降的部分。

研究已发现菹草适宜的生长温度为 15～25℃，适宜的光照为 500～1000μmol 光子/($m^2 \cdot s$)，在水温 20℃ 左右和光照强度为 1000μmol 光子/($m^2 \cdot s$)左右（光饱和点）时，菹草光合作用的产氧量最高（苏胜齐等，2001）。本研究中，在 12：00～13：40，光照为 923～1107μmol 光子/($m^2 \cdot s$)，虽接近最

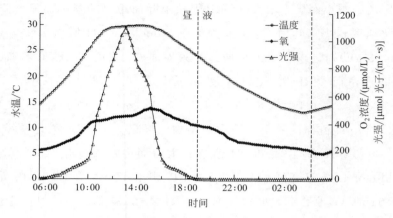

图 2-14　菹草叶表面 O_2 浓度昼夜变化

适宜光照，但温度已超过 29℃，由于呼吸作用加强和 O_2 溶解度降低以及向大气放氧，因此此阶段叶表 O_2 浓度并未出现最高，直至 15：00 才出现峰值。此后，随着光照的减弱，菹草光合放氧能力减弱，叶表 O_2 浓度随之相应降低。日落后，虽然水温持续降低，但由于菹草光合作用停止不再放氧，加之呼吸作用和微生物作用耗氧，所以叶表 O_2 浓度持续降低，至日出前降至最低值 6.002mg/L，但最低值并不为 0，可能是大气复氧的缘故。这与王锦旗等（王锦旗等，2013）研究的菹草种群内 O_2 浓度的昼夜变化趋势一致。Sand-Jensen 等运用 Unisens Clark 微电极测定了菹草叶微界面 O_2 浓度的变化，发现越接近植物叶表 O_2 浓度越高，且随着光照强度增强而升高，叶微界面 O_2 浓度的空间分布差异明显，6 月菹草叶微界面 O_2 浓度梯度显著大于 8 月（衰亡期）（Sand-Jensen et al，1985）。Sorrell 和 Dromgoole 发现水蕴草（*Egeria densa*）茎的放氧能力亦存在昼夜差异，白天放氧能力明显高于夜间（Sorrell，Dromgoole，1988），这与本研究结果一致。由于本研究中的微电极操纵器是单头的，因此，未同步测定 pH 值和 ORP 的昼夜变化。

四、 菹草不同部位微界面 O_2 浓度、 pH 值和 ORP 的分布特征

菹草不同部位微界面 O_2 浓度、pH 值和 ORP 的分布显著不同（图 2-

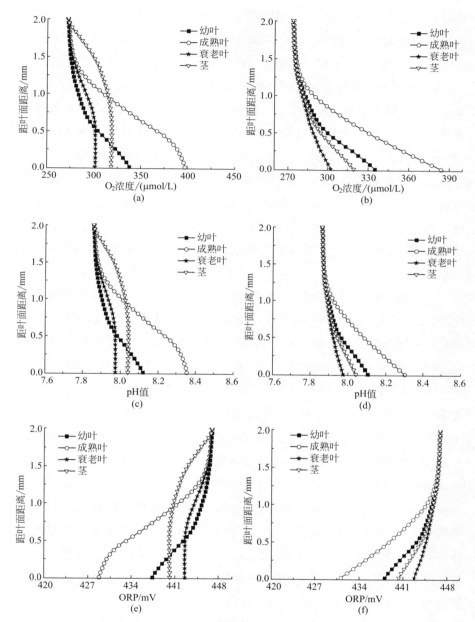

图 2-15　菹草不同部位微界面 O_2 浓度、pH 值和 ORP 分布

（a）、（c）和（e）—具附着物；（b）、（d）和（f）—去除附着物

15）。叶龄对菹草微界面 O_2 浓度和 pH 值分布有显著影响。幼叶为顶端第 1～3 片叶，幼叶由于光合活性较弱和附着物较少，O_2 浓度和 pH 值随

距叶面距离的减小而增大，ORP 随距叶面距离的减小而降低[图 2-15 (a)]，但变化幅度相对较小，叶面 O_2 浓度为 $340.2\mu mol/L$，pH 值为 8.12，ORP 为 437.3mV。成熟叶指顶端第 4～5 片叶，而成熟叶微界面中，O_2 浓度和 pH 值梯度增加幅度最大[图 2-15(c)]，进入附着层后 O_2 浓度和 pH 值增加幅度显著降低，但由于成熟叶较强的光合活性和附着层的屏障作用，O_2 浓度和 pH 值在附着层内继续增大，在叶表面 O_2 浓度和 pH 值达到最大值（分别为 $397.7\mu mol/L$、8.35），而 ORP 则呈相反的变化趋势。衰老叶是指已经变黄的叶，本研究中茎为植株中下部，具成熟和衰老叶片，直径 3～5mm，附着物厚而密集，不易脱落，表面有肉眼可见的附着藻类。衰老叶和茎微界面中，离附着物越近，O_2 浓度和 pH 值增加越快[图 2-15(e)]，进入附着层后，O_2 浓度和 pH 值增加幅度显著减小。

去除附着物后茎叶微界面 O_2 浓度、pH 值和 ORP 分布发生了明显变化[图 2-15(b)、(d)、(f)]，变化幅度明显减小。茎叶表面 O_2 浓度和 pH 值明显较有附着物的低，而 ORP 明显较有附着物的高，幼叶和成熟叶表面 O_2 浓度分别降至 $336.0\mu mol/L$ 和 $386.1\mu mol/L$，pH 值则分别降至 8.11 和 8.30，ORP 则为 437.9mV 和 430.5mV。衰老叶和茎由于去除了较厚的附着物，叶表 O_2 浓度和 pH 值呈逐渐增加的趋势。稳定期，菹草已处于成熟状态，在同一株菹草上自尖端至基部同时存在幼叶、成熟叶和衰老叶，叶片大小、颜色、形态和叶面附着物具有明显差异。所以可以根据叶片在植株上着生的位置来对应叶片的发育程度。位于顶部的幼叶，由于光合作用能力相对较弱，加之附着物稀疏，因此幼叶微界面 O_2 浓度、pH 值和 ORP 增加幅度较小[图 2-15(b)]。位于中部的成熟叶光合作用能力强，附着物也显著增多，叶微界面 O_2 浓度、pH 值和 ORP 梯度较陡，增加幅度最大[图 2-15(d)]。而位于基部的衰老叶，由于生理活性的降低和附着物厚度的增加，离附着物表面越近，叶微界面 O_2 浓度和 pH 值越高，ORP 越低[图 2-15(f)]，进入附着层后 O_2 浓度增加幅度显著下降。位于中部的茎是成熟叶着生的部位，附着物较密，但由于光合活性相对较低，因此微界面 O_2 浓度和 pH 值在附着物表面达到最高，与幼叶表面的相当，进入附着层后未再继续增加。本研究中，去除附着物这一屏障后，

微界面 O_2 浓度、pH 值和 ORP 分布产生了明显变化，茎叶表面 O_2 浓度和 pH 值明显降低，ORP 降低的幅度减小，可能是 O_2 扩散阻力和距离减小的缘故。因此，在营养盐含量和悬浮颗粒物过高的富营养化水体中，附着物大量而持续的附着可能加速了沉水植物的衰亡和衰退（董彬等，2013；魏宏农等，2013；宋玉芝等，2014）。

五、　微界面 O_2 浓度分布与微界面结构的关系

菹草微界面 O_2 浓度的微尺度分布显著受微界面结构的影响。为进一步探讨微界面 O_2 浓度分布与微界面结构的关系，对处于生长期的菹草茎叶微界面环境因子和结构组成进行相关分析，发现微界面 O_2 浓度分布与微界面附着物干重、无灰干重、TOC 和微界面厚度呈线性高度正相关[图 2-16(a)～(c),$P<$ 0.05]，茎叶表面 O_2 浓度随附着物干重、无灰干重、微界面厚度的增加显著增大；微界面 O_2 浓度分布与微界面附着物 TOC、TN 和 TP 含量存在线性关系[图 2-16(d)～(f),$P<0.05$]，但这种相关性相对较弱，为中度正相关，表明了微界面结构组成对微界面环境的影响比较复杂。

不同生长阶段，微界面附着物的数量对 O_2 浓度分布存在明显的影响。在菹草的幼苗期和快速生长期（2 月～4 月中旬），附着物稀疏，O_2 较容易向周围环境扩散，加之菹草光合放氧能力相对较弱，对微界面 O_2 浓度的影响不明显，波动幅度较小（图 2-13）。在菹草稳定期（4 月中旬～5 月上旬），随着水环境温度的逐渐上升，更适宜菹草生长，菹草生物量和表面积持续增加，附植生物量持续增多，附着层增厚，使菹草叶面 O_2 浓度波动增大（图 2-13），离附着层越近 O_2 浓度越高，进入附着层后，由于无机成分和好氧有机成分的存在，O_2 浓度增大的幅度略有降低，穿过附着层后，由于附着层的屏障作用，加之菹草光合放氧能力强，O_2 浓度继续增大，在叶表面 O_2 浓度达到最大。此阶段，沉水植物菹草通过光合作用等代谢活动消耗了水中的大量可溶性无机碳（DIC），在叶表沉积出白色的碳酸钙。进入衰亡期（5 月中旬至 6 月上旬），菹草停止生长，茎从基部开始出现断裂，叶片通过自溶作用分泌出大量的溶解性有机物（Schreiber et al，2005），促进附着藻类和菌类的附着和生长，水温的持续升高更适合附着细菌的生长和繁殖，菹草叶面颗粒物大量积

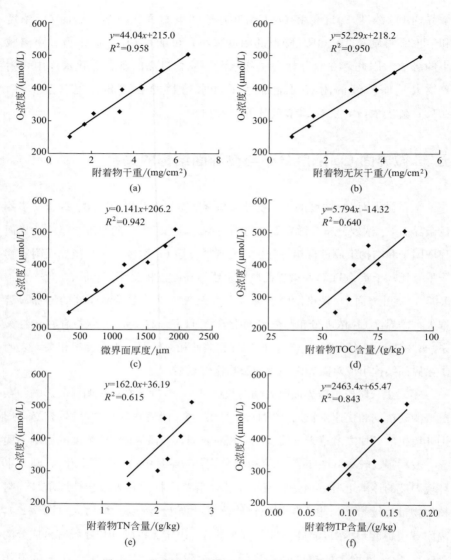

图 2-16 微界面 O_2 浓度分布与微界面结构的关系

累，附着物量达到最大，附着层厚，虽然氧不易扩散，但由于衰亡期菹草光合放氧能力极弱，O_2 浓度未再出现增加趋势，而是略有降低。该微界面中的附着物阻碍了宿主植物对光的获取、养分的吸收和气体扩散（Sand-Jensen，1990；Stevens，Hurd，1997；张亚娟等，2014），长期持续的附着制约了沉水植物的生长发育（董彬等，2013；Liboriussen，Jeppesen，2003；Tóth，2013；

秦伯强等，2013)。一般来说，随着植物的生长发育，附着物的密度和生物多样性逐渐增加。在衰亡期，病原体和细菌可通过受伤的部位侵入叶表皮细胞并迅速扩展，主动地降解周围的细胞壁。侵入的病原体分泌有机酸，破坏了叶片细胞壁的微纤维结构，被侵入细胞和相邻细胞壁聚合物的晶格结构脆弱松散（Rogers，Breen，1980)。在菹草衰老叶片中，可能是附着物尤其是细菌在侵入前分泌的有机酸逐步进入叶肉和表皮，使细胞发生膨胀和解体。

六、 微界面 pH 值和 ORP 分布与微界面结构的关系

随着菹草生长和微界面附着物的积累，微界面 pH 值和 ORP 分布梯度逐渐增加；菹草不同部位微界面 pH 值和 ORP 分布以成熟叶的波动幅度最大，幼叶的最小。为进一步探讨微界面 pH 值和 ORP 分布与微界面结构的关系，对处于生长期的菹草茎叶微界面环境因子和结构组成进行相关分析（图 2-17)，发现微界面 pH 值与微界面厚度、微界面附着物干重、无灰干重、TOC 含量呈高度线性正相关，与附着物 TN 和 TP 含量呈中度线性正相关[图 2-17(a)～(c)]；微界面 ORP 分布则与微界面厚度、微界面附着物干重、无灰干重、TOC、TN 和 TP 含量呈线性负相关[图 2-17(d)～(f)]，且相关性较 pH 值的弱，这可能与 ORP 是一种相对电位，同时受氧化还原环境的综合影响有关。

七、 沉水植物微界面时空特征对水生态系统的重要意义

沉水植物微界面由于植物和附着物均具有复杂的生物活性，其环境特征与沉积物-水微界面存在很大差异。有关沉积物-水界面的环境特征及生物地球化学特征得到了深入而广泛的研究（吴丰昌等，1996；Jørgensen et al，1985；Roy et al，2004；王永平等，2012；王永平等，2013a，b；王敬富等，2013)。沉积物-水界面是天然水体在物理化学、生物特征等方面差异显著的重要边界环境，它负责水体和沉积物之间的物质输送与交换，一般是指新近沉降的 15cm 沉积物及其附近的上覆水（吴丰昌等，1996)。而沉水植物微界面厚度往往只有几毫米，其中还存在成分复杂的

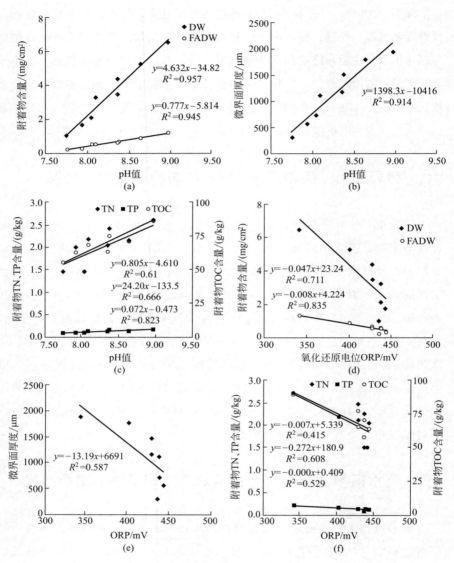

图 2-17　微界面 pH 值和氧化还原电位
（ORP）分布与微界面结构的关系

附着物，加上附着物附着的基质-沉水植物由于具有生物活性，使微界面
环境变得更为复杂，因此给研究带来了非常大的困难。目前对沉水植物微
界面时空特征的报道还未见有系统研究。对微界面的重要组成部分-附着
物的研究虽有报道（Yan et al，2014；Chung，Wei，2013；Tóth，2013；

魏宏农等，2013；张亚娟等，2014），但主要集中在附着物主要成分附着藻类或附着细菌上，对其化学性状的研究还很少涉及，更未见与微界面相结合的相关研究。初步的研究表明，淡水沉水植物菹草（Sand-Jensen，1985；董彬等，2015）和海洋植物褐藻（*Fucus vesiculosus*）（Spilling et al，2010）叶微界面（0～2.0mm）内 O_2 浓度空间分布差异比较明显，存在明显的陡梯度变化，但仅有的上述研究主要集中在光对特定生长阶段水生植物叶微界面 O_2 分布的影响上，对微界面 O_2 浓度、pH 值和 ORP 时空分布的同步研究还比较少见（Dong et al，2014）。本研究表明，沉水植物光合作用产生的氧气通过茎叶表面散逸到水中，在茎叶表面形成富氧区，在附着层内富集的有机质分解耗氧导致附着层内成为少氧区域（Pietro et al，2006；Dong et al，2014）。这对水生态系统中物质的迁移转化具有重要的生态环境意义。

　　本研究揭示了典型沉水植物微界面的时空特征。微电极研究系统从微米尺度上揭示了沉水植物微界面环境因子 O_2 浓度、pH 值和 ORP 的空间分布特征。对沉水植物的研究揭示了微界面环境因子 O_2 浓度、pH 值和 ORP 大空间尺度特征；对不同生长阶段沉水植物和不同部位微界面环境因子 O_2 浓度、pH 值和 ORP 的空间分布的研究揭示了大时间尺度特征。对沉水植物微界面附着藻类和附着细菌的研究相对较多，采用的研究方法相对一致。但对沉水植物附着物厚度及其化学性状的研究，就我们所知，还未见有文献报道，更谈不上统一的方法，本研究探索性地借用测定沉积物的标准方法测定了附着物的 TOC、TN 和 TP，为沉水植物微界面时空特征的研究补充了必要的新信息。但是，由于时间有限，未能对附着物的重金属元素进行定量研究。目前，由于离子微电极还没有现成的商品，自主研制的离子电极有效期较短（3～5d），因此，未对沉水植物微界面 NH_4^+-N、NO_3^--N、NO_2^--N、PO_4^{3-}-P 浓度的空间分布进行测定。下一步的研究应结合微量化学分析技术和微电极技术，加强对微界面附着物生物、理化性质的定量分析和离子电极的研发与应用。

八、 小结

① 典型沉水植物菹草的微界面附着物具明显的时空变化特征。在菹草生命周期内，自幼苗期，微界面附着物及其厚度持续增加，衰亡期附着物各组分的量和养分含量达到最大。同株成熟菹草上，以衰老叶的附着物量、厚度及 TOC、TN、TP 含量最大，成熟叶的其次，幼叶的最小。

② 菹草茎叶微界面中，距茎叶表面越近，O_2 浓度和 pH 值越高，ORP 越低。菹草微界面 O_2 浓度、pH 值和 ORP 分布具有明显的生长阶段特征和单峰昼夜变化特征，主要受植物光合作用能力、附着物、光照和温度的影响。菹草不同部位茎叶微界面 O_2 浓度、pH 值和 ORP 分布以成熟叶的波动幅度最大，这种差异主要受植物生理活性和附着物的综合影响。

③ 微界面 O_2 浓度和 pH 值分布与微界面结构组成存在线性正相关关系，微界面 ORP 与微界面结构组成存在线性负相关关系，这对水生态系统中物质的迁移转化具有重要意义。

第五节　　不同沉水植物叶微界面结构比较

在富营养化湖泊中，沉水植物为微界面附着物提供了大量的附着表面、固定的生存基质以及可利用的营养物质（纪海婷等，2013），并形成了特殊的生物-水微界面（Sand-Jensen，1989）。该微界面物质组成、结构及环境因子的大小和分布主要受植物种类、生长阶段、水体养分负荷、水动力等因素的影响（Pip，Robinson，1984；Sand-Jensen et al，1985；Sand-Jensen，1990；苏胜齐等，2002；Özkan et al，2010；MacLeod，Barton，1998；董彬等，2013）。沉水植物马来眼子菜、菹草和苦草是富营养化淡水环境中常见的植物种类，它们对干扰环境有较高的耐受性，分布广，生物量大，是水环境生态修复中常用的物种。在浅水湖泊或悬浮颗粒物较多的水体中，这些植物茎叶表面通常有大量的附着物附着，在生态系统的物质循环中可能具有重要的生态作用。这些植物在相似的生境条件下，微界面结构、物质组成和环境因子是否存在宿主性差异？这些差异主要表现在哪些方面？哪类植物更适合在浅水富营养化水体中生存？到目前为止，对富营养化淡水湖泊太湖中不同沉水植物叶微界面结构的差异还不了解，对植物种类对微界面结构的影响程度还不清楚。鉴于此，利用环境扫描电子显微镜技术、微电极系统结合常规研究方法，比较了马来眼子菜、菹草和苦草叶微界面结构和环境因子（O_2 浓度、pH 值和 ORP）的分布，目的是探讨不同物种微界面结构的差异，为水环境生态修复中植物的筛选提供理论依据。

一、　材料和方法

菹草采自南京市玄武湖（118.79°E，32.08°N）。苦草和马来眼子菜采自太湖沉水植物丰富的胥口湾（120.354°E，31.126°N）。连根采集沉水植物 7～9 株，将采集的马来眼子菜置于装有冰袋的保温箱中 4h 内运回实验室。同时采集原位水 5L。随机采集不同部位的茎叶 10g 左右（3 个重复），用于测附着物各指标。24h 内测定植物茎叶微界面 O_2 浓度、pH 值和 ORP。

1. 微界面附着物的采集和附着物各指标的测定

微界面附着物的采集和附着物干重（DW）、附着物无灰干重（FADW）、附着物灰分重（AW）、附着物叶绿素 a 含量（Chl-a）指标的具体测定方法采用董彬等（2013）和 Dong 等（Dong et al，2014）方法。附着物 TOC、TN、TP 的测定方法详见第四章。

2. 微界面附着物结构的测定

用环境扫描电子显微镜（XL30-ESEM　荷兰飞利浦）分析微界面附着物结构。

3. 植物类指标的测定

植物单株生物量采用直接称重法；植物叶绿素含量采用标准方法测

定；形态学指标直接测量得到。快速光响应曲线（RLCs）采用水下荧光仪 Diving-PAM 和数据采集软件 Wincontrol（Walz GmbH，Effeltrich，Germany）进行原位测定，测定的具体操作方法参照文献（Schreiber et al，1997；王文林等，2013b）。

4. 微界面 O_2 浓度、pH 值和 ORP 的测定

使用丹麦微电极研究系统（Unisense A/S，Arhus，Denmark）对沉水植物微界面 O_2 浓度、pH 值和 ORP 进行测定。

5. 数据处理

采用 SPSS17.0 进行数据统计分析。统计分析前，对所有的数据先进行正态分布和方差齐性的假设检验。用单因素方差分析（ANOVA）检验不同物种茎、叶表面 O_2 浓度、pH 值、ORP、附着物干重（DW）、附着物无灰干重（FADW）、附着物灰分重（AW）、附着物叶绿素 a 含量（Chl-a）和附着物厚度的差异，如果差异显著，进一步通过 Tukey HSD 用单因素方差分析检验（$P < 0.01$）。采用 Origin Pro8 进行绘图。

二、 不同物种的微界面附着物特征

不同物种沉水植物的微界面附着物和结构存在明显差异（图 2-18、图 2-19）。附着藻类的总密度、平均生物量和附着动物均以菹草的最大，苦草的居中，马来眼子菜的最小（图 2-19）。而附着物厚度、附着物干重、无灰干重、灰分重、叶绿素 a 含量均以菹草的最大，马来眼子菜的居中，苦草的最小，菹草的分别为马来眼子菜的 1.31 倍、1.21 倍、1.35 倍、1.17 倍和 1.53 倍，分别为苦草的 1.60 倍、1.29 倍、1.41 倍、1.25 倍和 2.41 倍。附着物 TOC 含量菹草>马来眼子菜>苦草；但附着物 TN 和 TP 以马来眼子菜的最高（7.01g/kg，0.39g/kg），苦草的次之，菹草的最小（2.43g/kg，0.15g/kg）。DBL 厚度由于受附着物厚度的影响，表现为菹草>马来眼子菜>苦草。微界面厚度与附着物厚度呈线性关系。

沉水植物表面具有代谢功能，植物种类对附着在其表面的附植生物的组成、结构和数量群落构成有一定的影响（Pip，Robinson，1984；

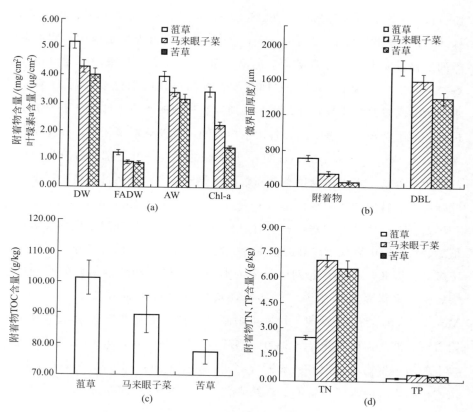

图 2-18 不同沉水植物微界面附着物特征

（FADW 为附着物无灰干重；AW 为附着物灰分重；DW 为附着物干重；

DBL 为扩散边界层；TOC 为附着物总有机碳）

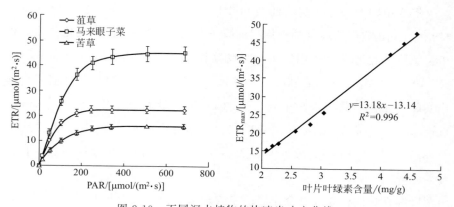

图 2-19 不同沉水植物的快速光响应曲线

Baker，Orr，1986；Rimes，Goulder，1986；苏胜齐等，2002；由文辉，1999；He et al，2012；Jones et al，2000）。在富营养化水体中，附着藻类的生物量大小表现为黑藻＞金鱼藻＞菹草＞苦草＞马来眼子菜（由文辉，1999）。Pip 和 Robinson 对加拿大南部马尼托巴湖史威尔湖 11 种沉水植物的附着藻类研究发现，在同一地点和相同的环境条件下，不同沉水植物上的附着藻类显著不同，各宿主植物间，硅藻亚群最相似，绿藻亚群差异最大（Pip，Robinson，1984）。同一植物种类的叶际都有着较为相似的微生物群落，不同植物种类之间则菌落差异较大，说明每一植物种类的叶际都有着特定的微生物群落（Yang et al，2001）。Eminson 和 Moss 比较了贫营养、中营养和富营养湖泊中 3 种水生植物，发现附植生物群落在低 N、P 水体中表现出较高的宿主专一性，这种专一性在高养分水平条件下降低，因此，在贫营养湖中，宿主类型对附植生物群落结构的影响最大，但在富营养化水体中，外部的环境因素可能更为重要（Eminson，Moss，1980）。Siver 发现 7 月末英国新汉普郡一池塘中 5 种沉水植物上附着藻类群落构成无差异（Siver，1977），Mi Llie 和 Lowe 也发现 3 种植物上的附植生物群落没有明显差异（Mi Llie，Lowe，1983）。本研究中，沉水植物生长的水环境属于中营养湖泊，因此表现出较高的种间差异性。

三、 不同物种的光合生理特征

沉水植物的快速光响应曲线和叶片叶绿素含量存在明显差异（图 2-19）。快速光响应曲线是电子传递速率 ETR 随光强 PAR 的变化曲线，可衡量植物叶片的光合作用能力，反映实际的光合作用状态（Schreiber et al，1997；Ralph，Gademann，2005）。电子传递速率 ETR 意味着光合作用实际的光化学状态，马来眼子菜的 ETR_{max} 最大 $[(44.94\pm3.00)\mu mol/(m^2 \cdot s)]$，菹草的次之 $[(22.68\pm1.27)\mu mol/(m^2 \cdot s)]$，苦草的最小 $[(16.17\pm0.89)\mu mol/(m^2 \cdot s)]$，表明 3 种沉水植物的光合作用能力存在显著差异。

叶绿素是植物进行光合作用的主要色素，位于类囊体膜，它在光合作用的光吸收中起核心作用。本研究中叶片叶绿素含量以马来眼子菜最大

（4.38mg/g），菹草的次之（2.81mg/g），苦草的最小（2.17mg/g），与快速光响应曲线的差异一致。植物叶片叶绿素含量与 ETR_{max} 呈线性正相关（$R^2 = 0.996$，$P < 0.05$），表明叶绿素含量的多寡能表征植物的光合作用能力。

四、 不同物种的微界面 O_2 浓度、 pH 值和 ORP 大小及分布特征

沉水植物叶微界面 O_2 浓度和 pH 值随距叶表面距离的减小而显著增大，但不同物种微界面 O_2 浓度和 pH 值大小、分布存在差异（图 2-20、图 2-21）。在相同的光照强度下，马来眼子菜叶微界面 O_2 浓度和 pH 值增加幅度最大，波动最明显，O_2 浓度和 pH 值在附着层表面达到第一个最大值，进入密集的附着层后 O_2 浓度和 pH 值增加幅度显著降低，但由于成熟叶较强的光合活性和附着层的屏障作用，O_2 浓度和 pH 值在内附着层继续增大，在叶表面 O_2 浓度和 pH 值出现第二个高峰[（507.63±8.15）μmol/L，8.91±0.13]；而菹草叶微界面 O_2 浓度和 pH 值的增加幅度和波动相对较小，叶表 O_2 浓度和 pH 值较马来眼子菜的低；苦草由于光合作用能力最低，微界面 O_2 浓度和 pH 值增加幅度最小，叶表 O_2 浓度和 pH 值也最小[（447.85±5.95）μmol/L，8.64±0.10]。

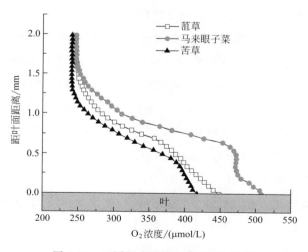

图 2-20　不同沉水植物微界面 O_2 浓度

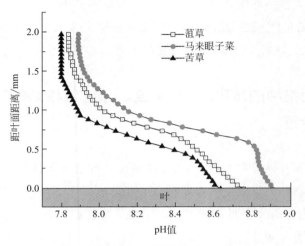

图 2-21　不同沉水植物微界面 pH 值

　　沉水植物可使其周围水体的 ORP 显著降低，但不同物种使 ORP 降低的幅度存在明显差异（图 2-22）。马来眼子菜叶微界面的 ORP 梯度下降幅度最大，叶表面 ORP 最低[（363.18±6.36）mV]；苦草叶微界面的 ORP 梯度下降幅度最小，叶表面 ORP 最高[（399.59±7.68）mV]；菹草的居中。ORP 是水体多种氧化物质与还原物质发生氧化还原反应的综合结果，它虽然不能直接反映某种氧化物质与还原物质的浓度指标，但有助于了解水体的电化学特征，分析水体的性质，是一项综合性指标（王智等，2013）。水体的 ORP 主要受氧化物和还原物浓度、溶液 pH 值及温度的影响。一般来说，O_2 浓度越高，pH 值、温度越低，水体的 ORP 越高（王智等，2013）。水生植物对水体底泥 ORP 的影响已受到广泛关注（Aldridge，Ganf，2003；Boros et al，2011；Freeman，Urban，2012）。沉水植物对水体 ORP 的影响的研究相对较少。菹草（*Potamogeton crispus*）、伊乐藻（*Elodea canadensis*）和黑藻（*Hydrilla verticillata*）能显著降低水体的 ORP（贺锋等，2002；Boros et al，2011；王智等，2013），但凤眼莲（*Eichhornia crassipes*）能使水体 ORP 升高（王智等，2013）。到目前为止，就我们所知，用微电极对沉水植物茎叶微界面 ORP 分布的研究尚未见报道，所以对沉水植物茎叶微界面 ORP 的分布及对影响因素的响应还有待深入研究。

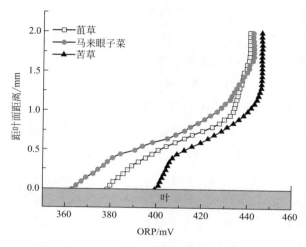

图 2-22　不同沉水植物微界面 ORP

五、　讨论

　　本研究表明，在相似的生境条件下，沉水植物微界面主要受沉水植物种类的影响。马来眼子菜是水生植物中广泛分布的种类之一，在多种类型底质上均能繁茂生长，是湖泊中人类活动频繁区域的优势种类之一，有较高的耐受性。其根茎发达，节间较长，可达 10～20cm，在近水表层形成较多的分枝，叶呈长条形，叶片表面积大（长 5～19cm，宽 1～2.5cm），中脉显著，边缘浅波状。马来眼子菜的叶表相对粗糙，附着物较易附着，对水流的耐受性高，加之光合作用能力强，因此，叶微界面附着物较密集，环境因子 O_2 浓度、pH 值和 ORP 变化梯度最大。菹草与马来眼子菜同属眼子菜科，但其机械强度相对较弱，叶片较薄而脆，多生于静水或缓流水体中。菹草的生命周期与多数沉水植物不同，冬春生长，夏季衰亡，为世界广布种，叶片密集，通常叶片基部肥厚宽大，边缘常有锐齿，光合作用能力较马来眼子菜弱。苦草是一种多年生大型沉水植物，广泛分布于淡水生态系统中，分布区水深一般在 2m 以内，在透明度高、底泥深厚、水流缓慢的水域生长良好。苦草喜温性，冬季衰亡，叶基生，带形，表面相对光滑，附着物不易附着，在植物进入成熟期后开始大量附着。苦草光合作用能力弱，对光的需求低，适于在低光照条件的水下生长。目前，对上述 3 种沉水植物附着物的研究有少量报道（宋玉芝等，2010；董彬等，2013；魏宏农等，2013），本研究中附着物干重、附着物无灰干重和附着物灰分重与已报道的数值接近（宋玉芝等，2010；董彬等，2013；魏宏农等，2013）。

有关沉水植物微界面结构的研究还比较少见。本研究中马来眼子菜、菹草、苦草微界面 O_2 浓度均低于 Sand-Jensen 等研究的 6 月初光强 $85\mu mol/(m^2 \cdot s)$ 下菹草微界面的 O_2 浓度，与 8 月底光强 $143\mu mol/(m^2 \cdot s)$ 下菹草微界面的相当（Sand-Jensen et al，1985），这可能一方面是由于丹麦 Almind 湖中菹草附着物较密集（$800 \sim 1500\mu m$），而本研究中的相对稀疏；另一方面也可能与水体营养状态、悬浮颗粒物和沉积物性质有关。马来眼子菜微界面 O_2 浓度与光强 $330\mu mol/(m^2 \cdot s)$ 下仙人掌水草（*Littorella uniflora*）的相当，亦表明不同物种间微界面环境因子的大小和空间分布存在差异。

马来眼子菜由于具有较强的光合作用能力和特有的形态生理特征，其微界面结构复杂，环境因子 O_2 浓度、pH 值和 ORP 变化梯度最大，对物质（如碳、氮、磷等）的迁移转化可能有重要的作用，加之近水面生物量较大、较长的节间、较强的水流耐受性，可作为生态修复的先锋种。菹草由于分布广，环境适应性强，且能在多数植物衰亡或休眠的季节生长，在群落的季相交替过程中发挥着重要作用，加之叶表面积和生物量较大，可使春季富营养化水体中水环境因子和营养盐浓度发生明显的昼夜变化（董彬等，2015；王锦旗等，2013），进而减缓水体的富营养化和促进物质的迁移转化。苦草叶基生，光合作用能力弱，叶表较光滑，附着物不易附着，易脱落，具有繁殖速度快、吸附污染物及营养盐能力强等特点，可作为水体生态修复的先锋种和建群种（陈开宁等，2006）。因此，3 种植物在水环境中各有特点和自身优势，在水生态系统的经营管理中可综合利用，以发挥不同物种的生态功能。

比较不同物种微界面的差异，只有在相同或相近的生境和生长阶段下比较才有实际意义，但是，由于在条件相似的生境下处于同一生长阶段的沉水植物的选取种类非常有限，本研究初步探讨了不同物种微界面结构的差异。今后，将加强控制条件下不同物种微界面的比较研究，深入探讨造成微界面差异的过程和机制，为研究富营养化水体中沉水植物微界面对生态系统中物质循环的调控和合适物种的选择提供基础数据。

六、 小结

在环境条件相近的情况下，沉水植物的形态和生理特征影响微界面结构和环境因子。不同物种沉水植物的微界面附着物存在明显差异。附着藻类的总密度、平均生物量和附着动物均以菹草的最大，苦草的居中，马来眼子菜的最小。而附着物厚度、附着物干重、附着物无灰干重、附着物灰分重、附着物叶绿素 a 含量、附着物 TOC 含量和 DBL 厚度均以菹草的最大，马来眼子菜的居中，苦草的最小。但附着物 TN 和 TP 含量以马来眼子菜的最高 （7.01g/kg，0.39g/kg），苦草的次之，菹草的最小 （2.43g/kg，0.15g/kg）。不同物种微界面 O_2 浓度、pH 值和 ORP 的大小和分布存在差异。马来眼子菜叶微界面 O_2 浓度和 pH 值的增加幅度最大，波动最明显，叶表 O_2 浓度和 pH 值最高，菹草的次之，苦草的最小，这与植物的光合作用能力和附着物厚度有关。

第六节　不同生长阶段典型沉水植物茎叶微界面结构比较

沉水植物茎叶微界面在富营养化水体中具有重要的生态功能。由于其具有特殊的物质组成 （附着物） 和特殊的附着基质 （具有生理活性的植物），越来越受到关注 （Sand-Jensen et al，1985；Sand-Jensen，Revsbech，1987；Spilling et al，2010；Dong et al，2014）。除环境因素 （光照、温度、营养盐、底质、水流等） 外，生物因素也对微界面结构有重要影响。但到目前为止，对沉水植物不同生长阶段的微界面的研究还不够深入，从而影响了对富营养化水体中沉水植物微界面生态功能的全面认识。鉴于此，本研究采用中试实验方法，利用丹麦微电极研究系统原位测定了富营养化水体中沉水植物马来眼子菜和苦草茎、叶微界面环境因子的微梯度变化，利用环境扫描电镜分析了微界面结构，目的是研究富营养化水体中不同生长阶段沉水植物微界面附着物、O_2 浓度、pH 值和 ORP 的分布规律，分析不同生长阶段植物微界面结构的差异，探讨其变化过程和机制，为富营养化水体中沉水植物的科学管理和水体养分循环研究提供理论依据。

一、 材料和方法

1. 实验设计

选择马来眼子菜（*Potamogeton malaianus*）和苦草（*Vallisneria natans*）两种不同形态的沉水植物在玻璃温室内进行实验。用彼得森采泥器采集太湖沉水植物丰富的胥口湾（120.35413°E，31.12609°N）表层 20cm 沉积物，样品过 100 目筛以去除粗粒及动植物残体，充分混匀后备用。同时，采集马来眼子菜和苦草根状茎用于繁殖幼苗。3 月对马来眼子菜和苦草根状茎进行埋植繁殖，待幼苗长至 20cm 左右（4 月底）时进行移栽。选择 30 株长势一致的马来眼子菜幼苗均匀种植于装有 10cm 厚预处理底泥的圆柱形高密度聚乙烯实验桶（直径 59cm，高 70cm，3 个平行）中。另外，选择马来眼子菜幼苗 3 株分别种植于装有 10cm 厚预处理底泥的 500mL 玻璃烧杯中（3 个平行），将烧杯亦置于上述实验桶中。用同样的方式移植苦草。取室内人工湖的水缓缓注入实验桶至 65cm，稳定一周后测水质指标（TN、NH_4^+-N、NO_3^--N、NO_2^--N、TP、Chl-a），模拟胥口湾的水质[NH_4^+-N(0.10 ± 0.02)mg/L，NO_3^--N(1.00 ± 0.1)mg/L，TN(1.20 ± 0.20)mg/L，TP(0.20 ± 0.05)mg/L]培养植物，定期补充适量营养盐和因取样或蒸发损失的水分。自 6 月开始，每月定期测定微界面环境因子 O_2 浓度、pH 值、ORP、附着物、快速光响应曲线及植物生长指标。12 月，植物叶片出现衰亡分解，实验结束。

2. 微界面 O₂ 浓度、pH 值和 ORP 的测定

将种有植物的烧杯小心置于方形玻璃缸中,使植物稳定一周后,用丹麦微电极研究系统(Unisense A/S,Arhus,Denmark)进行测定(图 2-23)。

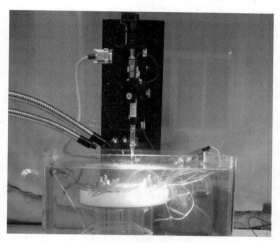

图 2-23　沉水植物微界面环境因子实测图

3. 附着物的测定

附着物干重(DW)、附着物无灰干重(FADW)、附着物灰分重(AW)和附着物叶绿素 a 含量(Chl-a)指标的测定采用文献 Dong 等的方法(Dong et al,2014)。微界面结构的分析采用环境扫描电子显微镜(XL30-ESEM,PHILIPS,荷兰)。

4. 快速光响应曲线的测定

沉水植物马来眼子菜和苦草的快速光响应曲线(RLCs)采用水下荧光仪 Diving-PAM 和数据采集软件 Wincontrol(Walz GmbH,Effeltrich,Germany)进行原位测定,测定具体操作方法参照文献(Schreiber et al,1997;王文林等,2013b)。

5. 数据处理

采用 SPSS17.0 进行数据统计分析。统计分析前,对所有的数据先进行正态分布和方差齐性的假设检验。用单因素方差分析(ANOVA)检验不同生长阶段茎、叶表面 O₂ 浓度、pH 值、ORP、附着物干重(DW)、附着物无

灰干重(FADW)、附着物灰分重(AW)、附着物叶绿素 a 含量(Chl-a)和快速光响应曲线的差异,如果差异显著,进一步通过 Tukey HSD 用单因素方差分析检验($P<0.01$)。采用 Origin Pro8 进行绘图。

二、不同生长阶段微界面 O_2 浓度分布比较

马来眼子菜茎、叶和苦草叶微界面 O_2 浓度均随着生长进入旺盛期而逐渐增大(图 2-24),空间差异逐渐加大,垂直茎、叶表面方向自茎、叶向外逐渐减小;进入衰亡期,出现相反的变化趋势。6~9 月,随着植物快速生长,马来眼子菜茎、叶微界面和苦草叶微界面 O_2 浓度的增加幅度逐渐增大。8 月,茎表面 O_2 浓度达到最高,为 416.877μmol/L[图 2-24(b)],与 9 月的相当。9 月,植物进入生殖生长阶段,生长减缓,叶表面 O_2 浓度达到最高[图 2-24(a)、(c)],分别为 840.703μmol/L 和 552.720μmol/L。10 月,茎、叶微界面 O_2 浓度的增加幅度开始减小。至 12 月,马来眼子菜和苦草进入衰亡阶段,微界面茎、叶表面 O_2 浓度和波动幅度降至最低,分别为 422.455μmol/L、315.448μmol/L、348.189μmol/L,与 6 月的相当。

三、 不同生长阶段微界面 pH 值分布比较

马来眼子菜茎、叶微界面和苦草叶微界面 pH 值均随着植物旺盛生长逐渐上升 (图 2-25),空间差异逐渐加大,垂直茎、叶表面方向自茎、叶向外逐渐减小;进入衰亡期,则出现相反的变化趋势。6~9 月,马来眼子菜茎、叶微界面和苦草叶微界面 pH 值梯度增加幅度逐渐增大。8 月,苦草叶表面 pH 值达到最高,为 9.42[图 2-25(c)]。9 月,马来眼子菜茎、叶表面 pH 值达到最高[图 2-25(a)、(b)],分别为 10.42 和 10.04。10 月,植物生物量达到最大,由于茎、叶表面附着物的明显增加,微界面 pH 值的增加幅度减小。至 12 月,马来眼子菜进入衰亡阶段,pH 值梯度波动幅度降至较低水平,与 6 月的相当,但波动过程存在差异。

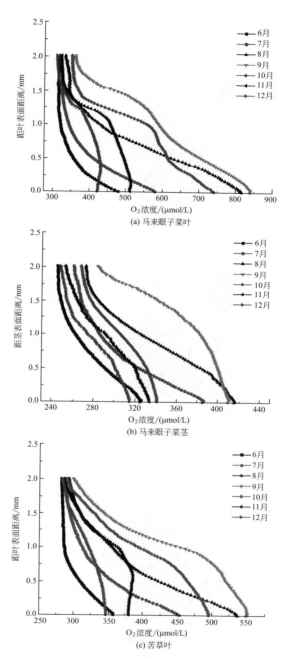

图 2-24　不同生长阶段的马来眼子菜
茎、叶和苦草叶微界面 O_2 浓度分布

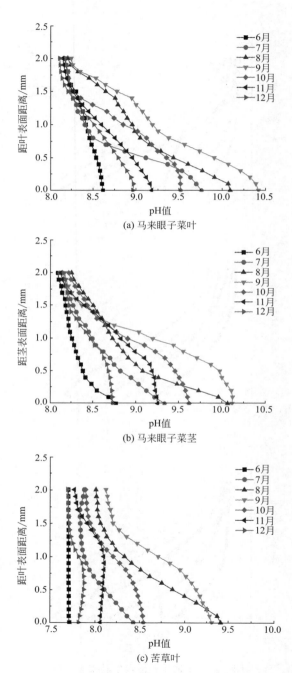

(a) 马来眼子菜叶

(b) 马来眼子菜茎

(c) 苦草叶

图 2-25 不同生长阶段的马来眼子菜茎、叶

和苦草叶微界面 pH 值分布

四、 不同生长阶段微界面 ORP 的分布比较

ORP 与 O_2 浓度和 pH 值的变化趋势相反，垂直茎、叶表面方向自茎、叶向外逐渐增大，马来眼子菜茎、叶微界面和苦草叶微界面 ORP 均随着植物生长逐渐减小（图 2-26），空间差异逐渐增大；进入衰亡期，微界面 ORP 的降低幅度明显减小。6～9 月，马来眼子菜茎、叶微界面和苦草叶微界面 ORP 明显逐渐降低。9 月，微界面 ORP 降至最低，分别为 325.25mV、351.42mV、368.81mV，8 月的仅次于 9 月。10～12 月，茎、叶微界面 ORP 显著升高，波动幅度显著减小。12 月，茎、叶微界面 ORP 升至与 6 月相当的水平，波动幅度最小，但二者的波动过程存在差异。

五、 不同生长阶段植物微界面附着物特征

两种植物（马来眼子菜和苦草）的微界面附着物存在明显的季节变化（表 2-10）。在整个生长季节（6～12 月），除附着物叶绿素 a 含量（Chl-a）外，附着物干重（DW）、附着物无灰分干重（FADW）、附着物灰分重（AW）持续增加，附着层持续增厚，至 12 月达到最大。马来眼子菜 12 月的 DW、FADW 和 AW 分别为 6 月的 9.6 倍、10.26 倍和 9.53 倍，苦草 12 月的 DW、FADW 和 AW 分别为 6 月的 13.63 倍、14.61 倍和 13.40 倍。马来眼子菜和苦草附着物中 FADW 的比例自 6 月的 18.42% 和 18.81% 逐步增加，至 10 月达到最大，分别为 24.97% 和 23.63%，11 月又逐渐降低。马来眼子菜附着物的各参数明显高于苦草，这可能与植物形态和生理特征有关。

不同生长阶段，沉水植物微界面附着物结构存在明显差异（图 2-27、图 2-28）。在幼苗期和快速生长期，微界面附着物比较稀疏[图 2-27(a)～(c);图 2-28(a)～(c)]，以无机颗粒和有机碎屑为主，附着藻类较少。而在植物生长的成熟期，生物量达到最大并趋于稳定，微界面附着物的数量明显增多，厚度增大，组成明显变得复杂[图 2-27(d)～(f);图 2-28(d)～(f)]，非生物成分占绝对优势。在植物衰亡期，植物代谢缓慢，附着物持续附着，与植物紧密结合为一体，密集且不易脱落，生物成分和多样性更为复杂[图 2-27(g)～(i);图 2-28(g)～(i)]。

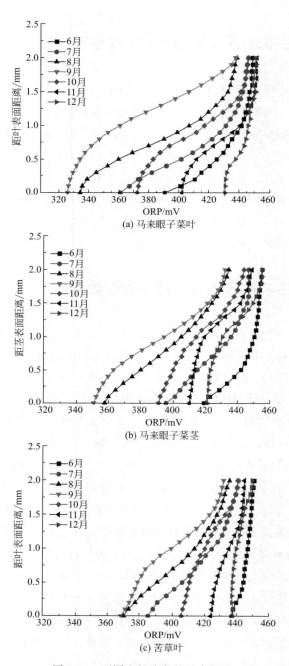

(a) 马来眼子菜叶

(b) 马来眼子菜茎

(c) 苦草叶

图 2-26　不同生长阶段的马来眼子
菜茎、叶和苦草叶微界面 ORP 分布

表 2-10　马来眼子菜和苦草不同月份附着物特征

月份	种类	干重（DW）/（mg/cm²）	无灰干重（FADW）/（mg/cm²）	灰分重（AW）/（mg/cm²）	叶绿素（Chl-a）/（μg/cm²）	厚度/μm
6 月	P. malaianus	0.48±0.04	0.09±0.01	0.39±0.02	1.69±0.08	56.97±4.26
7 月	P. malaianus	0.84±0.06	0.17±0.01	0.67±0.01	2.44±0.65	101.25±8.10
8 月	P. malaianus	1.29±0.10	0.27±0.02	1.02±0.09	4.11±0.21	154.54±12.38
9 月	P. malaianus	2.03±0.18	0.45±0.03	1.59±0.11	6.94±0.59	244.09±19.53
10 月	P. malaianus	3.01±0.27	0.75±0.05	2.26±0.20	13.34±1.69	361.74±28.23
11 月	P. malaianus	3.90±0.34	0.85±0.06	3.05±0.25	27.25±2.18	467.85±37.12
12 月	P. malaianus	4.59±0.42	0.90±0.08	3.69±0.30	24.89±3.35	550.53±44.05
6 月	V. natans	0.31±0.02	0.06±0.01	0.25±0.01	1.03±0.10	40.42±2.83
7 月	V. natans	0.59±0.04	0.12±0.01	0.47±0.03	2.39±0.22	76.79±5.18
8 月	V. natans	0.99±0.07	0.21±0.01	0.78±0.01	3.26±0.30	128.32±8.93
9 月	V. natans	1.67±0.08	0.37±0.02	1.30±0.07	6.31±0.62	217.32±15.53
10 月	V. natans	2.32±0.22	0.55±0.04	1.77±0.15	10.65±0.83	301.35±20.19
11 月	V. natans	3.32±0.27	0.71±0.05	2.60±0.16	15.13±1.24	431.26±30.16
12 月	V. natans	4.24±0.36	0.85±0.06	3.38±0.25	15.97±1.27	550.70±33.05

六、　植物对微界面 O_2 浓度、 pH 值和 ORP 的影响讨论

在植物的快速生长期，细胞生长分裂和代谢的速度快，产生的化感物质较易抑制附植生物的生长和附着，因此，对微界面环境因子和物质迁移的影响较小。而处于成熟阶段的植物，附着表面积大，细胞代谢减缓，产生的次生代谢物质减少，为附着物的附着提供了良好的载体。而衰老阶段的植物则通过自溶作用分泌大量溶解性有机物，为附着物提供了能源，促进了附着物的增殖。因此，植物的不同生长阶段是影响微界面附着物和环境因子的重要因素。

在不同生长阶段沉水植物对茎、叶微界面 O_2 浓度、pH 值和 ORP 大小和分布的影响显著（图 2-24～图 2-26）。本研究中，6～8 月为马来眼子菜和苦草的快速生长期，9～10 月为稳定生长期，11～12 月为衰亡期。快速光响应曲线（RLC）是电子传递速率随光强的变化曲线，可衡量植物叶片的光合作用能力，反映实际的光合作用状态（Ralph, Gademann,

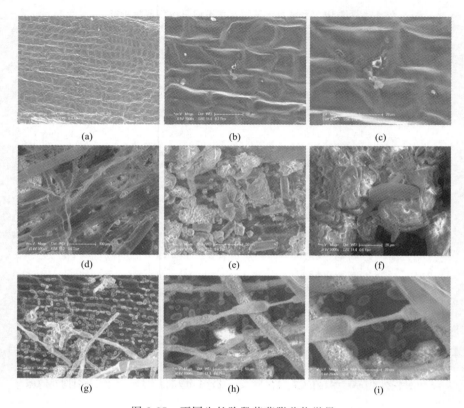

图 2-27　不同生长阶段苦草附着物微界

面附着物表面扫描电子显微图

（a）～（c）—幼苗期；（d）～（f）—成熟期；（g）～（i）—衰亡期

2005）。在沉水植物生长的不同阶段，植物的快速光响应曲线存在明显差异（图 2-29），表明光合放氧能力不同。在快速生长期（6～8 月），马来眼子菜和苦草的光合作用能力逐渐增强，9 月（稳定期）达到生命周期内最大，ETR_{max} 分别升至 $56.70\mu mol\ photon/（m^2 \cdot s）$ 和 $34.85\mu mol\ photon/（m^2 \cdot s）$。自 10 月起光合作用能力逐渐降低，12 月降至最低，ETR_{max} 仅为 9 月的 16.93％和 25.82％。快速光响应曲线的这种变化趋势与茎、叶微界面 O_2 浓度、pH 值的变化趋势一致（图 2-24、图 2-25），亦与 ORP 降低的趋势一致（图 2-26）。而且在马来眼子菜和苦草的整个生活周期中，距叶表面越近，O_2 浓度和 pH 值的单峰变化趋势越明显，ORP 的"V"形变化趋势越明显，随着距叶表距离的增加，变化趋势渐

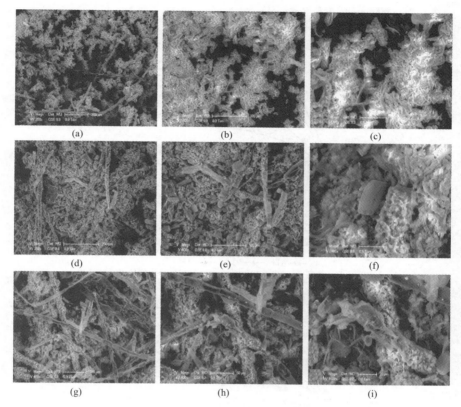

图 2-28　不同生长阶段马来眼子菜微界面

附着物表面扫描电子显微图

（a）～（c）—快速生长期；（d）～（f）—成熟期；（g）～（i）—衰亡期

趋平缓，表明植物对茎、叶微界面 O_2 浓度、pH 值和 ORP 分布具有相当重要的影响（图 2-30）。

七、 植物和附植生物联合对微界面 O_2 浓度、 pH 值和 ORP 影响的机理

微界面附着物的附着是一个分阶段进行的过程，在初始的附着阶段如植物幼苗期和快速生长期，附着物与植物表面之间的作用力较弱，易脱落，这种附着是可逆的。随着时间的推移，附着微生物不断分泌胞外聚合物，促使更多的生物和无机颗粒附着，附着力逐渐增强，附着发展为不可

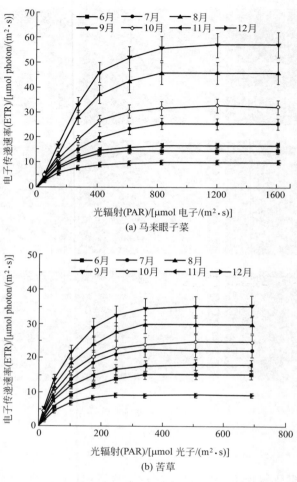

图 2-29　不同生长阶段马来眼子菜和苦
草的快速光响应曲线特征

逆的。随着外界环境条件的逐渐适宜，附着物逐步增殖变厚，最终在茎叶表面形成了稳定而复杂的附植生物群落。

在快速生长期（6～8 月），茎、叶微界面 O_2 浓度和 pH 值梯度均呈逐渐增加的趋势，而 ORP 则呈逐渐降低的趋势（图 2-24～图 2-26），且波动幅度逐月增大，此阶段主要受植物光合作用能力的影响，伴随着植物光合放氧能力逐渐增强和 CO_2 消耗量的增加，微界面 O_2 浓度和 pH 值逐渐增大，高 O_2 浓度和 pH 值环境造成了低 ORP。由于一方面植物分泌化

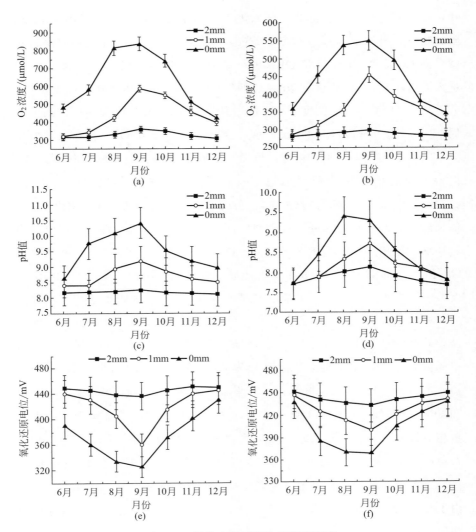

图 2-30　距马来眼子菜和苦草叶面不

同距离处 O_2 浓度、pH 值、ORP 分布

（a）、（c）、（e）—马来眼子菜；（b）、（d）、（f）—苦草

感物质抑制了附着藻和细菌的增长，另一方面处于旺盛生长期的植物通过保持较高的光合作用组织替代速率限制了附着物附着（Sand-Jensen，1977；董彬等，2013；James et al，2006），附着物暂时保持相对较低水平[表 2-10,图 2-27（a）～（c）,图 2-28（a）～（c）]，因此未对 O_2 浓度、pH 值和 ORP 分布产生明显的影响。在稳定生长期（9～10 月），马来眼子菜

和苦草营养生长进入平稳期，开始进入生殖生长阶段，生物量增加减缓，附着物量显著增加[表 2-10，图 2-27(d)～(f)，图 2-28(d)～(f)]，对茎、叶微界面 O_2 浓度、pH 值和 ORP 的分布有明显影响（图 2-24～图 2-26），进入附着层后，O_2 浓度和 pH 值的增加幅度减小，ORP 降低幅度减小。9 月，茎、叶表面 O_2 浓度和 pH 值达到生命周期内最大，ORP 达到生命周期内最小，此阶段茎、叶微界面 O_2 浓度、pH 值和 ORP 分布波动最显著（图 2-24～图 2-26）。10 月，虽然马来眼子菜和苦草生物量达到最大，但由于附着物的持续积累增厚，限制了植物的光合作用（张亚娟等，2014；文明章等，2008；宋玉芝等，2010），茎、叶微界面 O_2 浓度和 pH 值梯度显著低于 9 月。进入衰亡期后，由于茎、叶生理活性显著降低和附着物继续增加[表 2-10，图 2-27(g)～(i)，图 2-28(g)～(i)]，茎、叶微界面 O_2 浓度、pH 值和 ORP 分布梯度的波动幅度明显减小，附着物对 O_2 浓度、pH 值和 ORP 分布的影响占优势。至 12 月，马来眼子菜和苦草叶已变黄并开始分解，其上附着藻死亡，O_2 浓度、pH 值和 ORP 分布梯度的波动幅度降至最小，这与 Sand-Jensen 等测定的丹麦 Almind 湖 6 月初菹草的微界面 O_2 浓度大小和波动幅度远大于 8 月末的结果一致（Sand-Jensen et al，1985）。与叶相比，马来眼子菜茎的微界面 O_2 浓度、pH 值和 ORP 分布梯度变化不如叶的明显，这可能与茎的形态结构和叶绿素含量相对较低有关。与马来眼子菜叶微界面 O_2 浓度、pH 值和 ORP 相比，苦草叶的 O_2 浓度、pH 值略低，而马来眼子菜茎的 O_2 浓度、pH 值略高，这可能与植物种类形态、生理特征及附着物性质有关。次年 1～2 月，由于马来眼子菜和苦草茎、叶均已死亡并处于分解阶段，故未继续进行测定。

本研究中测得的微界面 O_2 浓度是植物光合作用和呼吸作用的综合结果，明显受光合作用能力的影响。pH 值因影响无机碳（DIC）的种类，进而影响 CO_2 供应，亦与植物光合作用有关（Jones et al，2000）。植物光合作用可能导致微界面内附着藻类直接竞争自由 CO_2（自由 CO_2＝溶解的 CO_2＋H_2CO_3）。同时，附着物的出现增加了扩散边界层厚度和气体扩散的距离，这也将导致自由 CO_2 通量降低。可利用的自由 CO_2 降低将通过总光合作用速率的降低和光呼吸的增加影响植物生长（Jones et al，

2000）。水体中的 O_2 主要来自植物光合作用和大气复氧，在本研究中控制温度和光照 $300\mu mol\ photons/\ (m^2 \cdot s)$ 条件下，O_2 主要来自植物的光合放氧，光合作用速率越高，微界面 O_2 浓度越高。根据离解平衡，光合作用同化的 CO_2 越多，则产生的 OH^- 越多，植物向周围水体释放的 OH^- 越多，pH 值越高（Prins et al，1980；Elzenga，Pins，1989），因此，微界面内 pH 值与 O_2 浓度具有相似的变化趋势。本研究中测得的 ORP 是一个相对于标准氢电极的数值，它反映了溶液吸收或释放电子的趋势，在微界面内表现出与 O_2 浓度和 pH 值相反的变化趋势，这与用微电极测得蓝藻表面 ORP 低于周围水体的研究结果一致（Fang et al，2013）。初步研究发现，菹草（*Potamogeton crispus*）、伊乐藻（*Elodea canadensis*）和黑藻（*Hydrilla verticillata*）能显著降低周围水体的 ORP（贺锋等，2002；Boros et al，2011；王智等，2013）。就我们所知，到目前为止，用微电极对沉水植物茎、叶微界面 pH 值和 ORP 分布的研究还鲜有文献报道，因此对茎、叶微界面 O_2 浓度、pH 值和 ORP 等因子还有待深入细致的研究。

随着沉水植物生长进入稳定期，叶表面通常出现较多的附着物，伴随着植物碳同化期间对碳酸氢盐的吸收，在植物表面会出现白色颗粒物（$CaCO_3$）沉积（Wetzel，2001；朱端卫等，2012）。在本研究中，我们发现 9 月以后沉水植物马来眼子菜叶表面有这种现象，与我们之前在菹草叶表面（董彬等，2013）的发现相似。但苦草叶表面则未出现这一现象，这可能与植物的生理特征有关（Pomazkina et al，2012）。Romanów 和 Witek（2011）发现光叶眼子菜（*Potamogeton lucens*）附着物灰分重占 76%，Kowalczewski（1975）在 Mikolajskie 湖 4 种沉水植物〔穿叶眼子菜（*Potamogeton perfoliatus*）、光叶眼子菜（*Potamogeton lucens*）、伊乐藻属植物（*Elodea canadensis*）和穗花狐尾藻（*Myriophyllum spicatum*）〕上亦发现较高的灰分含量（70%～87%）。Wetzel 在钙质硬水水体中发现沉水植物叶面附着的碳酸盐沉积物经常超过植物本身的重量（Wetzel，1960）。因此，附着物厚度和成分可能对微界面 O_2 浓度、pH 值和 ORP 的空间分布具有重要影响，进而影响植物生长和对水体养分的吸收。研究已发现，水体营养盐负荷或富营养化程度越高，沉水附着物越多（董彬等，2013；魏宏农等，2013；张亚娟等，2014；ÖZKAN et al，

2010），对沉水植物光合作用抑制越明显（张亚娟等，2014；宋玉芝等，2010），影响植物生长甚至造成植物提前衰亡（董彬等，2013；Phillips et al，1978；Sand-Jensen，Sondergaard，1981）。同时，由于大量附着物的出现使微界面环境变得更加复杂，影响了微界面可溶性物质的迁移转化（Sand-Jensen et al，1985；Jeppesen，1978）和植物对养分的吸收。因此，研究微界面环境因子如 O_2 浓度、pH 值和 ORP 的分布有利于揭示其他可溶性物质的迁移转化过程和机制，对富营养化水体中植物的管理和养分循环研究具有重要意义。

八、 小结

生长阶段对沉水植物茎叶微界面结构、O_2 浓度、pH 值、ORP 大小和空间分布有明显的影响。在生长期，主要受植物的影响，附着物由于比较稀疏影响不明显。在衰亡期，由于植物生理活性的降低和附着物的持续积累增厚，微界面 O_2 浓度、pH 值和 ORP 的分布主要受附着物的影响。在植物生长周期内，植物和附着物的综合作用显著影响微界面 O_2 浓度、pH 值和 ORP，这对进一步研究富营养化水体中沉水植物微界面和水体中物质的迁移转化具有重要意义。微电极在微米尺度上可揭示主要环境因子 O_2 浓度、pH 值和 ORP 的高度动态微环境，是研究沉水植物茎、叶微界面过程和机制的理想工具。如结合分子生物学技术、形态学和新的成像方法，微电极将能更好地揭示植物茎、叶微界面环境的结构、功能及过程机制。

第七节　不同生长阶段附着细菌群落的结构特征

沉水植物是湖泊生态系统中重要的初级生产者，它们不仅能够净化富营养化水体，而且还能调节物质循环，增加水体生物多样性，控制藻类生长，维持生态系统的稳定（任文君等，2011）。沉水植物茎叶巨大的比表面积能够为细菌、藻类等生物提供一个理想的栖息环境（Morten Sonder-gaard，1999），其中细菌种类最多，功能也更加多样（何聘，2014）。同它们的宿主植物一样，附着细菌在污染物去除、水质净化等过程中发挥着重要作用。富营养化现象的普遍存在加速了沉水植物的衰亡，严重影响了湖泊生态系统的结构和功能。有学者提出，沉水植物的衰退受到了附着细菌的影响，大量细菌在水生植物表面形成过厚的生物膜，造成"遮阴效应"（shading effects），不利于植物的生长（Moss et al，2011）。也有学者认为，附着细菌和沉水植物之间发生强烈的相互作用，伴随着某些化学物质传递，导致沉水植物逐渐衰亡（陈祈春等，2012）。然而具体是哪些细菌发挥怎样的作用仍未可知。在植物典型生长阶段，叶片形态和生理结构等存在显著差异，而周围水体的理化指标也会随着季节更替而变化。关于浮游细菌随季节变化的规律已经被广泛报道（邢鹏，孔繁翔，高光，2007；于洋，王晓燕，张鹏飞，2012；姜发军，胡章立，胡超群，2011；Liu et al，2015），而对于沉水植物附着细菌群落结构随植物叶龄变化的研究仍比较匮乏。本研究利用高通量测序的分子生物学手段，考察篦齿眼子菜整个生长周期内叶表附着细菌群落及其周围水体浮游细菌群落的结构变化特征。

一、 材料和方法

1. 研究区概况

以洪泽湖西部溧河洼湖湾为研究区域，洪泽湖位于北纬 $33°6'\sim33°40'$、东经 $118°10'\sim118°52'$ 之间，水域面积约 $1597km^2$，平均水深 1.9m，是我国第四大淡水湖泊，洪泽湖在蓄水、灌溉、水产养殖、运输等领域起着重要的作用（Ren et al，2014）。湖区水生植物比较丰富，水质较好（高方述，钱谊，王国祥，2010；余辉，2010），但受人类活动影响，近年来洪泽湖部分湖区水生植被出现退化趋势。此外，洪泽湖有着反季节的水位变化特征，夏季农业灌溉大量用水，从 5 月开始，水位迅速下降，从 8 月下旬开始，由于淮河的泄洪作用，洪泽湖一直保持着较高水位（Ren et al，2014）。

2014 年 3～10 月，共采集 4 次篦齿眼子菜样品，分别对应其不同的生长阶段（生长初期、生长旺盛期、衰亡初期、完全衰亡期）。同时，按照规范采集篦齿眼子菜周围水体 1L，用于测定水体的理化指标以及提取浮游细菌 DNA（金相灿，屠清瑛，1990），采样点的水质参数见表 2-11。

表 2-11　采样点的水质参数

生长阶段	TP /(mg/L)	TN /(mg/L)	NH_4^+-N /(mg/L)	NO_3^--N /(mg/L)	NO_2^--N /(μg/L)	DO /(mg/L)	T/℃	pH 值
生长初期	0.07	1.33	0.17	0.06	1.01	6.73	16.92	8.66
生长旺盛期	0.05	1.05	0.09	0.03	0.98	16.20	22.97	9.35
衰亡初期	0.12	2.15	0.14	0.04	2.01	8.66	28.37	8.33
完全衰亡期	0.07	0.95	0.07	0.11	1.40	6.33	19.57	7.62

2. 样品的收集

为使取样更具有代表性，每次采样时在相距 2m 以内的区域里随机挑选 3～5 株植物，小心剪取长势一致的篦齿眼子菜植株，立即放入无菌的聚乙烯袋中，用冰袋保温带回实验室，用于测定附着细菌。同时，按照规范采集植物周围水体 1L，用于测定水体的理化指标以及浮游细菌群落结构（金相灿，屠清瑛，1990）。

在分离沉水植物附着细菌的过程中，要尽量避免破坏植物叶表组织，将细菌从叶片上完全洗脱下来，综合了 Buesing 等（Buesing，Gessner，2003）的超声探针法和 Hempel 等（Hempel et al，2008）的超声水浴（35kHz）＋剧烈振荡法。相比之下，超声探针会造成叶片表皮不同程度的破损，而超声水浴能够更好地去除沉水植物附着细菌，且基本不会对叶片造成损害。

本研究中称取完整的沉水植物叶片约 10g，放入盛有 400mL 无菌水的蓝盖丝口瓶中。采用振荡-超声波法（Hempel et al，2008）洗脱表面附着物。洗脱液过 0.22μm 乙酸纤维混合膜，滤膜保存在 -20℃下，以备后用。浮游细菌的收集方法如下：将 1000mL 水样先经过 1.2μm 乙酸纤维混合膜，滤掉颗粒物，再用 0.22μm 乙酸纤维混合膜过滤，将滤膜保存在 -20℃下备用（He，Ren，Wu，2012；Hempel et al，2008）。

3. 水体理化指标测定

使用 HACHHQ30D（HACH，USA）便携式检测仪现场测定水体的

pH 值、溶解氧（DO）、水温（WT）等水质指标。氨氮（NH_4^+-N）、硝酸盐氮（NO_3^--N）、亚硝酸盐氮（NO_2^--N）等通过 AutoAnalyzer3 全自动水质连续流动分析仪测试（德国 SEAL 公司），总氮（TN）、总磷（TP）用分光光度计法测定。叶绿素 a 通过丙酮进行提取，采用分光法进行测量，具体步骤参见《水和废水监测分析方法（第四版）》。

4. 细菌 DNA 提取

按照 E. Z. N. A. WaterDNA 试剂盒步骤提取样品基因组总 DNA。使用 NanoDrop2000 超微量紫外分光光度计检测 DNA 浓度和纯度。DNA 样本于−20℃下冻存。Omega 公司采用硅胶柱纯化方式和独特的溶液系统，能有效去除水体中各种影响下游实验（如 PCR）的抑制因子，并能高效回收水体中的基因组 DNA。目前，该方法已经成功应用于自来水、湖水、生活污水、矿山废水等。DNA 提取时所有操作应尽可能在超净工作台上完成，所有仪器都需灭菌，主要步骤如下。

① 将含 DNA 的滤膜剪碎放入离心管中。

② 加入 3mL SLX Buffer（如有沉淀，可在 60℃下水浴直至沉淀完全溶解）和 500mg 小玻璃珠。

③ 高速涡旋振荡 3min，直到样品均匀。

④ 70～90℃下水浴 10min（期间样品混匀 2～3 次）。

⑤ 加入 1mL SP2 Buffer，振荡 30s 并混匀，随后冰浴 5min。

⑥ 离心：在 4℃、4000g 条件下（RCF 离心力）离心 10min。

⑦ 将上清液转移至 15mL 或 50mL 的新离心管中，加入 0.7 倍体积的异丙醇溶液。上下倒置离心管 30～50 次。在−20℃下保温 30min（低温条件有利于 DNA 析出）。

⑧ 在 4000g、4℃条件下离心 20min，将 DNA 沉淀。

⑨ 移除上清液并且保留 DNA 沉淀。

⑩ 加 400μL Elution buffer，振荡 20s，在 65℃下水浴 10～30min 使 DNA 溶解，且使 RNA 降解。

⑪ 样品转移到 1.5mL 离心管中，加入 100μL HTR 旋转振荡 10s，室温下保持 2min。

⑫ 离心：在 14000g 下离心 3min，使 HTR 沉淀（用以去除腐植酸、多糖等）。

如果样品仍然呈棕色或黑色，重复⑪和⑫。

⑬ 上清液移到新的 1.5mL 离心管内，加入等体积的 XP1，旋转振荡，将样品转入 HiBind DNA column。

⑭ 将 HiBind DNA column 放入 2mL 收集管中。

⑮ 在 10000g、室温条件下离心 1min。

⑯ 加 300μL XP1，在 10000g、室温条件下离心 1min。弃去残留液。

⑰ 将 HiBind DNA column 放入新的 2mL 收集管内。加 750μL DNA Wash Buffer，在 10000g 条件下离心 30s。弃去收集管中的滤液，收集管可以回收。

⑱ 将空的 column 放回收集管，高速（$\geqslant$14000g）旋转 2min 以干燥 column。

⑲ 将 HiBind DNA column 放入 1.5mL 离心管中。将 50～100μL（根据前期 DNA 沉淀的多少决定）的 Elution Buffer 加入 column 的膜中心处，在 65℃下水浴 3min。

⑳ 最高速离心 1min。

㉑ 将离心管中的样品保存在 -20℃下备用。

5. 高通量测序

对细菌基因组 16S rDNA V3～V4 区进行扩增，F 引物：CAAGCAGAAGACG GCATACGAGATGTGACTGGAGTTCAGACGTGTGCTCTTCCGATCT （barcode）ACTCCTACGGGAGGCAGCAG。R 引物：AATGATACGGCGACCACCGAGATCT ACACTCTTTCCCTACACGACGCTCTTCCGATCT （barcode） GGACTACHV GGGTWTCTAAT。PCR 反应体系如下：DNA 模板 5μL，正向引物和反向引物各 1.5μL，PCR Mix Buffer10μL，DMSO 0.25μL，加 ddH$_2$O 至 20μL。PCR 反应条件：98℃，15s；58℃；15s；72℃，15s；共计 30 个循环，终延伸 72℃，1min。

所得 PCR 产物进行电泳并切胶纯化。对纯化后的产物进行文库构建：对其进行末端补平，随后在片段两端加上特定的接头。最后对加上接头后的片段进行 PCR 扩增、纯化。文库构建完成后对文库进行定性和定量的检测。用 qPCR 进行接头效率检测，根据所得效率算出实际浓度后，将文库按照上机要求稀释到一定浓度，采用 Illumina Miseq 高通量测序。高通量测序工作与杭州谷禾信息技术有限公司合作完成。

6. 数据处理

使用 FLASH 合并所有原始读取的数据，检查序列的质量（http：//ccb. jhu. edu/software/FLASH/）。根据文献内容去除测序质量较差的序列（Caporaso et al，2011）。再次通过 UCHIME 对 16S rRNA 基因序列数据库检测去除序列镶合体（Edgar et al，2011）。最后去除 barcodes 及引物序列，使用 UCLUST 软件，按照 97% 相似性进行操作分类单位（operational taxonomic unts，OTU）聚类。统计每个样本的 OTU 数作为各个物种的丰度。用 RDP classifier 软件（http://rdp. cme. msu. edu）对 OTU 进行物种注释（置信度 0.9）（Lan et al，2012）。此外，基于 OTU 的种类和数量，通过 UPARSE 程序计算群落多样性指数并生成稀疏曲线（Edgar，2013）。

二、 植物不同生长阶段细菌群落在门水平上的丰度变化特征

通过 MiSeq 高通量测序对细菌样品进行检测，获得的高质量序列条数在 20164～142053 之间。所有样品的测序几乎都达到了稳定期，测序覆盖度在 85%～98% 之间，表明当前的序列基本能够反映出细菌样品的整体情况。通过数据库比对，在植物不同生长阶段共检测出 38 个附着细菌门，其中包含细菌门数最多的是植物衰亡初期（34 个），其后依次是完全衰亡期（28 个）、旺盛生长期（26 个）、生长初期（26 个）。

本研究中，有 8 个主要的细菌门类纳入统计（相对丰度大于 0.5%），分别是变形菌门、拟杆菌门、放线菌门、厚壁菌门、蓝藻门、疣微菌门、浮霉菌门、绿湾菌门（图 2-31）。

对于附着细菌，变形菌门在植物各个生长阶段皆为最主要的优势门类，其中，α-变形菌纲、β-变形菌纲和 γ-变形菌纲在各个样本中均被检测出，其平均相对丰度依次为 9.97%、12.60%、35.92%。在植物生长旺

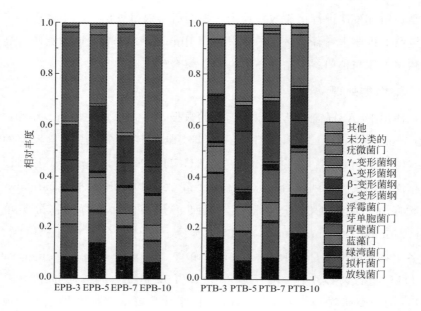

图 2-31　附着细菌和浮游细菌的相对丰度（EPB 指附着细菌，

PTB 指浮游细菌，3、5、7、10 分别指采样月份；

图中只包括相对丰度超过 0.5％的细菌门类，

相对丰度小于 0.5％的细菌统称"其他"）

盛时期，γ-变形菌纲和厚壁菌门的相对丰度达到最小值，而放线菌门、蓝藻门和 β-变形菌纲的相对丰度增加到最大值，随后逐渐下降。而在植物完全衰亡阶段，γ-变形菌纲的相对丰度超过了 40％，放线菌门和拟杆菌门的相对丰度均达到了最小值。此外，其他几个细菌门类在整个生长周期里相对丰度的变化非常小。

对于浮游细菌，放线菌门、拟杆菌门、蓝藻门、厚壁菌门、α-变形菌纲和 γ-变形菌纲等门类的相对丰度在植物不同生长阶段表现出较大的差异。在篦齿眼子菜的生长旺盛期，α-变形菌纲和 γ-变形菌纲的相对丰度明显高于其他时期，而放线菌门和拟杆菌门的相对丰度达到了最小值，随后逐渐增大，直到篦齿眼子菜完全衰亡。厚壁菌门则在植物处于衰亡初期时相对丰度达到了最大值。

Cai 运用 T-RFLP 技术研究太湖马来眼子菜附着细菌在 3 个不同月份

的群落结构特征，结果表明 6 月和 8 月之间的附着细菌群落结构差异大于 8 月和 10 月之间的附着细菌群落结构差异（Cai et al，2013），主要是由于水体温度发生了变化。在本研究中，生长旺盛期的附着细菌群落组成与其他 3 个生长阶段均有明显差异。总体而言，附着细菌和浮游细菌的主要门类差别不大，而相对丰度差异显著。大多数附着细菌和浮游细菌门类的相对丰度呈现出相反的变化趋势。已有研究发现，海洋植物墨角藻（*Fucales*）附着细菌主要是 α-变形菌纲和拟杆菌门（Lachnit et al，2013）。He 等（Dan He，2014）的研究则揭示了太湖典型沉水植物菹草的附着细菌主要是 α-变形菌纲和 β-变形菌纲。而在本研究中，无论是篦齿眼子菜附着细菌还是周围水体浮游细菌，γ-变形菌纲都是最主要的细菌类别。

变形菌门的细菌参与了湖泊生态系统中各种生物地球化学循环过程（Zhang et al，2015），前人的许多研究表明变形菌门是湖泊生态系统中绝对的优势菌群，但在不同生境下变形菌的几个亚门所占的比例却有着较大的差别（Crump，Koch，2008；Hempel et al，2008；He，Ren，Wu，2012）。我们发现在篦齿眼子菜整个生命周期内，γ-变形菌纲均为最占优势的细菌菌群。也有研究表明，沉水植物菹草会引起多酚类化合物的积累，并且能够显著地抑制 γ-变形菌纲的生长（Zhao et al，2013）。本研究的结果也表明，在篦齿眼子菜生长旺盛期，附着细菌中 γ-变形菌纲的含量明显小于其他时期，可能在旺盛期植物释放出大量的酚类物质，抑制了 γ-变形菌纲的生长，但是否是植物本身的作用还是营养盐水平对变形菌门产生了影响，目前仍不清楚。

拟杆菌门和蓝藻门是本研究中另外 2 个相对丰度较高的细菌门类。一项研究表明，在浮游藻类占优势的藻型湖泊（浑浊态）中蓝藻门的含量较多，而在以水生植物为主体的草型湖泊（清水态）中则是拟杆菌门更占优势（Vander Gucht et al，2005），这一结论与本研究的结果一致。对水体中浮游细菌来说，篦齿眼子菜完全衰亡时，植物开始逐渐分解，水体变得浑浊，蓝藻门的相对丰度明显高于拟杆菌门；而第二年春天，当篦齿眼子菜再次生长时，拟杆菌门的相对丰度又重新高于蓝藻门。

在整个篦齿眼子菜的生长周期里，当厚壁菌门的相对丰度增加时，放线菌门的相对丰度随之减少，反之亦然。有研究表明，属于厚壁菌门类的细菌可以有效地降解多氯联苯和石油烃类化合物等有机污染物（Fuentes et al，2014）。放线菌门被认为能够参与各种环境污染物的生物降解过程

（Zhang et al，2015；Liu，Zhang，Wang，2009；Jiang et al，2013）。有报道称淡水中的放线菌门一般存在于水体底层，它的丰度与水体溶解氧关系密切（Maghsoudi et al，2015）。另外，pH 值可能是影响放线菌门在生态系统中分布的最主要的因子之一（Fierer，Jackson，2006）。

三、 植物不同生长阶段细菌群落在属水平上的丰度变化特征

在属的分类水平上，篦齿眼子菜在不同生长阶段共检测到 361 个细菌属，在植物衰亡初期比对出的细菌属个数最多（244 个），其后依次是完全衰亡期（215 个）、旺盛生长期（185 个）、生长初期（175 个）。

从附着细菌样本中检测出 13 个主要的细菌属（表 2-12）。细菌群落在

表 2-12　属水平上主要细菌种类的相对丰度

分类	EPB3	EPB5	EPB7	EPB10	PDB3	PDB5	PDB7	PDB10
放线菌门	——	——	——	——	——	——	——	——
土壤球菌属	——	1.00	——	——	1.50	——	——	1.10
丙酸杆菌属	——	——	——	——	——	——	1.00	——
拟杆菌门	——	——	——	——	——	——	——	——
Fhviicola	0.50	2.00	——	——	2.50	——	——	1.90
黄杆菌属	7.80	6.90	6.40	5.40	16.60	5.90	5.80	7.90
蓝藻门	——	——	——	——	——	——	——	——
集球藻属	0.60	1.10	0.50	——	——	——	——	——
原绿丝藻属	——	——	——	——	——	1.60	1.00	——
假鱼腥藻属	——	——	——	——	——	1.60	1.20	——
厚壁菌门	——	——	——	——	——	——	——	——
索丝菌属	——	——	1.10	——	——	——	——	——
乳球菌属	4.70	——	0.90	——	——	——	——	——
丁酸梭菌属	——	——	——	2.20	——	——	——	——
粪便杆菌属	——	——	——	——	——	——	1.00	——
α-变形菌纲	——	——	——	——	——	——	——	——
红细菌属	1.10	0.60	0.70	0.70	0.70	1.50	1.00	——
β-变形菌纲	——	——	——	——	——	——	——	——
Polynucleobacter	0.80	1.20	——	——	0.90	——	——	1.10
福格斯氏菌属	1.10	——	1.70	1.10	0.80	1.10	0.90	0.90
γ-变形菌纲	——	——	——	——	——	——	——	——
甲基暖菌属	——	1.30	——	——	——	——	——	——
不动细菌属	2.40	0.90	1.80	1.00	0.70	1.20	0.90	0.60
假单胞菌属	18.5	14.20	22.00	11.80	11.80	14.70	12.80	9.70

注：表中只包括相对丰度超过 0.5% 的细菌门类。

不同成长阶段的变化在属水平上更加明显，最占优势的属是假单胞菌属（γ-变形菌纲），相对丰度在 11.80%～22.00%，其次是黄杆菌属（拟杆菌门），相对丰度在 5.40%～7.80%，在 10 月假单胞菌属的比例减少。除了这 2 个属外，在 3 月占优势的细菌属还包括乳球菌属（厚壁菌门）、红细菌属（α-变形菌纲）、不动细菌属（γ-变形菌纲）、土壤球菌属（放线菌门）、*Fluviicola* 属（拟杆菌门）、集球藻属（蓝藻门）、*Polynucleobacter* 属（β-变形菌纲）和甲基暖菌属（γ-变形菌纲）。在 5 月，植物的生长旺盛期占优势。此外，当篦齿眼子菜处于衰亡初期时，索丝菌属、丁酸梭菌属（厚壁菌门）、福格斯氏菌属（β-变形菌纲）和不动细菌属（γ-变形菌纲）逐渐开始占据优势。

从浮游细菌样本中检测出 12 个主要的细菌属，与附着细菌类似，假单胞菌属（9.70%～14.70%）和黄杆菌属（5.80%～16.60%）仍然是各样本中最占优势的细菌属。*Fluriicola* 属和土壤球菌属在 3 月和 10 月占优势。作为对比，原绿丝藻属和假鱼腥藻属在 5 月和 7 月更占优势。红细菌属、福格斯氏菌属和不动细菌属的相对丰度在 5 月达到了最大值，然后随植物生长含量逐渐减少。

在细菌属水平上比较所有样本发现，假单胞菌属、不动细菌属和黄杆菌属的相对丰度超过了 0.5%。假单胞菌属是一个常见的细菌属，被广泛应用于生物防治中（Sun et al，2014）。前人研究发现，这个属的细菌可能会在植物生长过程中起到非常积极的作用（Blakney，Patten，2011）。此外，假单胞菌属的一些种对环境污染物的降解作用也非常明显，如多环芳烃（O′Mahony et al，2006）和甲苯（Nam et al，2003）等物质。黄杆菌属是另外一个优势细菌属，Nadine（Gordon-Bradley，Lymperopoulou，Williams，2014）发现黄杆菌属在黑藻（*Hydrilla verticillata*）叶表面和美洲苦草（*Vallisneria americana*）的叶片表面均有存在。最近的一项研究表明，淡水系统中，黄杆菌属的含量在浮游植物水华期间更加丰富（Cai et al，2014）。洪泽湖从 7 月到 9 月，浮游植物数量显著增加（Ren et al，2014），然而本研究发现黄杆菌属相对丰度的最大值出现在 3 月。此外，黄杆菌属在水环境中同样发挥着重要的生态功能，能够有效降低蓝藻的肝毒素（Cai et al，2014），而不动细菌属具有降解各种酚类化合物的功能（Wang et al，2015）。红细菌属在各个样本中也占一定的优势，有研究报道，属于这个属的细菌在生物膜的形成过程中发挥了关键作用（Elifantz et al，2013），这些细菌在维持河湖生态系统的稳定性等过程中发挥着至关重要的作用。

四、 植物不同阶段细菌群落多样性分析

选用以下几个常用指标对样品的多样性进行评估，反映物种丰富度指数的 Chao1 和 ACE 指数以及反映物种多样性的 Shannon 指数的具体数值如表 2-13 所列。

表 2-13　各采样点细菌的丰富度指数和多样性指数

样本名称	OTU 数	ACE 指数	Chao1 指数	Shannon 指数
EPB3	3162	5927	5433	8.75
PTB3	8646	11041	10112	8.81
EPB5	4095	7653	7272	8.89
PTB5	8290	11053	10190	9.21
EPB7	4002	6761	6162	8.90
PTB7	2458	4877	4565	9.22
EPB10	4448	7941	7361	8.28
PTB10	2754	5270	4573	8.74

附着细菌 OTU 数在植物生长初期较少，而后随时间缓慢增加，从植物生长旺盛期到完全衰亡期变化并不十分明显。浮游细菌在植物生长初期和旺盛期的 OTU 数均远大于附着细菌，随后快速减少到最小值。Chao1 指数以及 ACE 指数的变化趋势与 OTU 数目变化几乎一致。在整个植物生长阶段，植物附着细菌和周围水体浮游细菌有着较高的物种多样性，它们的 Shannon 多样性指数均在植物衰亡初期达到了最高值。在整个生长阶段，我们观察到完全衰亡时期附着细菌和浮游细菌的 Shannon 多样性指数明显低于其他 3 个生长阶段。附着细菌的物种多样性高低依次为植物衰亡初期、生长旺盛期、生长初期、完全衰亡期。

湖泊生态系统中附着细菌和浮游细菌多样性的影响因素我们仍然知之甚少。浮游细菌直接受到周围水体营养盐等因素的作用，而附着细菌则受到来自宿主植物和外界环境因子的综合作用，研究还表明附着细菌能够优先利用植物提供的营养物质（Grossart，Gross，2009）。两类细菌生存方式的差异也导致了其不同的多样性特征。在整个生长过程中，我们发现从植物生长旺盛期到完全衰亡期，附着细菌的物种总数相差并不大，而综合了物种丰富度和物种均匀度的 Shannon 多样性指数表现出明显的差异。处于衰亡初期的植物，其附着细菌的Shannon 多样性指数最高，植物能够同时为附着在其表面的微生物提供无机和有机营养物质（Hempel et al，2008）。与其他几个生长阶段相比，当篦齿眼子菜完全衰亡时，附着细菌的多样性达到最低值，尽管物种总数没有明显变化，甚至还略有升高，但营养物质的缺乏显然限制了附着细菌的生长，均匀度明显下降。另外，温度与细菌多样性同样有着密切的关系，温度可以直接或者间接地影响水体中细菌群落结构的变化，一般来说，高温条件下细菌繁殖速度加快，多样性增大（黄瑾，2011）。本研究中，当植物处于衰亡初期时，水体温度较高，加速了水生植物的腐解过程，同时也促进了细菌的生长和繁殖。黄瑾发现太湖颗粒附着细菌与浮游细菌的数量变化规律相似，从冬季到春季细菌数量增多，春季过后细菌数量开始减少（黄瑾，2011）。Hempel 等（Hempel et al，2008）认为靠近沉积物的沉水植物衰老叶片附着细菌的总量更高：一是由于老叶长时间的积累；二是植物在衰亡初期能释放无机营养物质并且同时提供有机物质供细菌生长繁殖。

我们还发现浮游细菌的多样性在植物生长的每个阶段都大于附着细菌的多样性，这与 Gordon（2014）的研究一致，他认为周围水体中的细菌来源更加广泛，有着更强的适应性，He 等的报道与之相反（Morten Sondergaard，1999）。水位变化对淡水湖泊的影响十分明显（Hofmann，Lorke，Peeters，2008），通常情况下，当水位增加时，浮游植物生物量会随之增加，浮游细菌数量随之减少（Ozen et al，2014）。另外，该采样点的平均水位在 1m 左右，风浪干扰极有可能引起沉积物起悬，增加浮游细菌的多样性，这很可能是造成浮游细菌多样性持续较高的原因之一。

五、 细菌群落结构差异的 PCA 分析

　　运用 Canoco 4.5 软件对样本中细菌的相对丰度做 PCA 分析，进一步比较几个样本之间的群落结构差异性。图中 2 点之间的距离越近，表明 2 个样本的细菌群落结构越相似。实验结果显示有 4 个独立的分类集群（图 2-32）。生长初期，附着细菌样本作为单独一个集合，其他 3 个附着细菌样本作为一个集合。浮游细菌样本被分为 2 个集合，生长旺盛期（5 月）和衰亡初期（7 月）样本聚集在一起，生长初期（3 月）和完全衰亡期（10 月）样本聚集在一起。

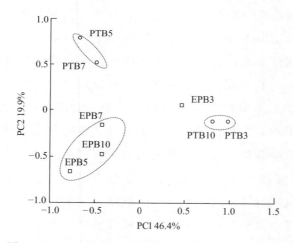

图 2-32　基于优势细菌门类相对丰度的主成分分析

　　PCA 分析揭示出了附着细菌和浮游细菌群落之间的差异。在植物生长初期，叶表附着细菌的生物膜并没有完全形成，主要依靠周围水体中浮游细菌的随机选择，因此，附着细菌和浮游细菌的群落结构十分相似。随着植物不断生长，部分细菌适应了叶表微环境最终存活，经过复杂的相互作用，形成了稳定的附着细菌群落（何聃等，2014）。相比而言，细菌生存形式（附着生长或是游离生长）对细菌群落结构的影响大于植物不同生长阶段的影响（对浮游细菌来说是季节更替）。此外，在高水位和低水位的月份里，水体浮游细菌群落结构也有着明

显的差别，同时也说明浮游细菌对环境因子的变化更加敏感。

六、小结

① 篦齿眼子菜不同生长阶段的附着细菌共检测出 38 个细菌门，361 个细菌属。当篦齿眼子菜处于衰亡初期时，其附着细菌包含的门和属的个数最多。变形菌门是篦齿眼子菜附着细菌中最主要的门类（平均相对丰度为 59%，下同），其中 γ-变形菌纲是最占优势的细菌纲（36%）。此外，拟杆菌门、放线菌门、厚壁菌门、蓝藻门的平均相对丰度都超过 7%。假单胞菌属（11.80%～22.00%）和黄杆菌属（5.40%～7.80%）是篦齿眼子菜各个生长阶段最占优势的细菌属。

② 在整个篦齿眼子菜生长周期，植物周围水体中的浮游细菌多样性指数均高于附着细菌。在篦齿眼子菜从旺盛生长到完全衰亡的过程中，附着细菌物种多样性变化显著，在植物衰亡初期最高，之后依次是植物生长旺盛期、植物生长初期，植物完全衰亡阶段多样性最低。当植物处于衰亡初期时，能同时为其附着细菌提供有机营养物质和无机营养物质，使其大量繁殖；而当植物完全衰亡时，由于不断地累积，附着细菌物种总数仍然较多，但缺乏营养物质，其均匀度下降，物种多样性也随之降低。

③ 相比植物周围水体中的浮游细菌，篦齿眼子菜附着细菌群落结构在整个植物生长周期内比较稳定，除了生长初期外各阶段相似度很高。水位变化对浮游细菌群落结构的影响非常明显。在高水位和低水位的月份里，植物周围水体中的浮游细菌群落结构有着明显差别，浮游细菌对环境变化更为敏感。

第八节　不同生境金鱼藻附着细菌群落的结构特征

在湖泊生态系统中，水体细菌群落呈现出明显的空间异质性。Gucht认为无论 2 个湖泊的实际距离相隔多远，如果它们有着类似的生境，那么它们的细菌群落也会表现出相似性（Vander Gucht et al，2007；

Souffreau et al，2015)。水体环境因子的差异是造成浮游细菌群落组成不同的最主要原因（Li et al，2014；Ren et al，2013；刘欣，2010；于洋，王晓燕，张鹏飞，2012)。Reche 等发现细菌群落结构与湖泊面积之间存在显著的相关关系，同时还表明细菌物种组成与湖泊的偏僻程度并没有绝对关联（Reche et al，2005)。吴庆龙等发现沉水植物的种类及其生物量是引起水体细菌结构变化和多样性差异的关键因子（Wu et al，2007；Zeng et al，2012)。

相比浮游细菌，沉水植物附着细菌与生境条件之间的关系更加复杂，不同湖区植物附着细菌和周围浮游细菌的多样性差异普遍存在，且与生境条件密切相关（Hempel et al，2008)。Crump 发现植物的附着细菌群落结构与周围环境细菌（沉积物细菌和水体中浮游细菌等）差异显著（Crump，Koch，2008)。黄瑾的研究表明，在太湖梅梁湾和湖心区域的附着细菌群落组成相差很大（黄瑾，2011)。Cai 比较了太湖马来眼子菜附着细菌的丰度在空间和时间上的差异，结果表明附着细菌时间尺度上的差异大于其在空间尺度上的差异（Cai et al，2013)。Hempel 等发现 Constance 湖和 Schaproder 海湾附近沉水植物的附着细菌丰度、群落组成有明显区别（Hempel et al，2008)。太湖不同湖区的优势细菌门类也相差很大，研究表明，在水草比较密集的东太湖水体中，优势菌群主要为 β-变形菌纲和放线菌门（Zeng et al，2012)，而在北部富营养化严重的梅梁湾湖区，主要的优势菌群为 γ-变形菌纲和放线菌门（Shao et al，2012)。总体看来，附着细菌在区域尺度上的差异是普遍存在的，除了光照、温度等普遍存在的影响因子外，湖泊营养盐水平、湖泊物理结构、食物链的组成等条件都同样可能导致细菌群落结构发生变化。

本研究选择太湖和洪泽湖金鱼藻，比较研究不同生境金鱼藻附着细菌和浮游细菌群落结构的特征。

一、 材料和方法

1. 研究区的选择

选择太湖东西山之间水域和洪泽湖西部溧河洼湖湾的金鱼藻，分别于

7月和10月采集金鱼藻样品及其周围水体样品。两处采样点的水生植物相对比较丰富，水质情况较好。洪泽湖金鱼藻的盖度较大，而在太湖东西山植物盖度较小。采样点的水质参数见表2-14。

表 2-14　采样点的水质参数

采样点	TN /(mg/L)	TP /(mg/L)	NO_3^--N /(mg/L)	NO_2^--N /(μg/L)	$T/^\circ C$	pH 值	DO /(mg/L)
太湖 7 月	2.719	0.221	0.126	2.20	29.4	8.55	7.16
太湖 10 月	1.668	0.060	0.072	2.30	18.6	8.48	8.04
洪泽湖 7 月	2.340	0.038	0.080	1.70	26.0	8.67	6.95
洪泽湖 10 月	0.968	0.061	0.114	1.00	18.8	7.58	5.97

2. 样品的收集

为使取样更具有代表性，每次采样时在相距2m以内的区域里随机挑选3～5株植物，小心剪取长势一致的篦齿眼子菜植株，立即放入无菌的聚乙烯袋中，用冰袋保温带回实验室，用于测定附着细菌。同时，按照规范采集植物周围水体1L，用于测定水体的理化指标以及浮游细菌群落结构（金相灿，屠清瑛，1990）。

在分离沉水植物附着细菌的过程中，要尽量避免破坏植物叶表组织，将细菌从叶片上完全洗脱下来，综合了 Buesing 等（Buesing，Gessner，2003）的超声探针法和 Hempel 等（Hempel et al，2008）的超声水浴（35kHz）＋剧烈振荡法。相比之下，超声探针会造成叶片表皮不同程度的破损，而超声水浴能够更好地去除沉水植物附着细菌，且基本不会对叶片造成损害。

本研究中称取完整的沉水植物叶片约10g，放入盛有400mL无菌水的蓝盖丝口瓶中。采用振荡-超声波法（Hempel et al，2008）洗脱表面附着物。洗脱液过0.22μm乙酸纤维混合膜，滤膜保存在－20℃下，以备后用。浮游细菌的收集方法如下：将1000mL水样先经过1.2μm乙酸纤维混合膜，滤掉颗粒物，再用0.22μm乙酸纤维混合膜过滤，将滤膜保存在－20℃下备用（He，Ren，Wu，2012；Hempel et al，2008）。

3. 水体理化指标测定

使用 HACH HQ30D（HACH，USA）便携式检测仪现场测定水体

pH 值、溶解氧（DO）、水温（WT）等水质指标。氨氮（NH_4^+-N）、硝酸盐氮（NO_3^--N）、亚硝酸盐氮（NO_2^--N）等通过 AutoAnalyzer3 全自动水质连续流动分析仪测试（德国 SEAL 公司），总氮（TN）、总磷（TP）采用分光光度计法测定。叶绿素 a 通过丙酮进行提取，采用分光法进行测量，具体步骤参见《水和废水监测分析方法（第四版）》。

4. 细菌 DNA 提取

按照 E. Z. N. A. Water DNA 试剂盒步骤提取样品基因组总 DNA。使用 NanoDrop2000 超微量紫外分光光度计检测 DNA 浓度和纯度。DNA 样本于－20℃冻存。Omega 公司采用硅胶柱纯化方式和独特的溶液系统，能有效去除水体中各种影响下游实验（如 PCR）的抑制因子，并能高效回收水体中的基因组 DNA。目前，该方法已经成功应用于自来水、湖水、生活污水、矿山废水等。DNA 提取时所有操作应尽可能在超净工作台上完成，所有仪器都需灭菌，主要步骤如下。

① 将含 DNA 的滤膜剪碎放入离心管中。

② 加入 3mL SLX Buffer（如有沉淀，可在 60℃下水浴直至沉淀完全溶解）和 500mg 小玻璃珠。

③ 高速涡旋振荡 3min，直到样品均匀。

④ 70～90℃下水浴 10min（期间样品混匀 2～3 次）。

⑤ 加入 1mL SP2 Buffer，振荡 30s 并混匀，随后冰浴 5min。

⑥ 离心：在 4℃、4000g 条件下（RCF 离心力）离心 10min。

⑦ 将上清液转移至 15mL 或 50mL 的新离心管中，加入 0.7 倍体积的异丙醇溶液。上下倒置离心管 30～50 次。在－20℃下保温 30min（低温条件有利于 DNA 析出）。

⑧ 在 4000g、4℃条件下离心 20min，将 DNA 沉淀。

⑨ 移除上清液并且保留 DNA 沉淀。

⑩ 加 400μL Elution buffer，振荡 20s，在 65℃下水浴 10～30min 使 DNA 溶解，且使 RNA 降解。

⑪ 样品转移到 1.5mL 离心管中，加入 100μL HTR 旋转振荡 10s，室温下保持 2min。

⑫ 离心：在14000g下离心3min，使HTR沉淀（用以去除腐殖酸、多糖等）。

如果样品仍然呈棕色或黑色，重复⑪和⑫。

⑬ 上清液移到新的1.5mL离心管内，加入等体积的XP1，旋转振荡，将样品转入HiBind DNA column。

⑭ 将HiBind DNA column放入2mL收集管中。

⑮ 在10000g、室温条件下离心1min。

⑯ 加300μL XP1，在10000g、室温条件下离心1min。弃去残留液。

⑰ 将HiBind DNA column放入新的2mL收集管内。加750μL DNA Wash Buffer，在10000g条件下离心30s。弃去收集管中的滤液，收集管可以回收。

⑱ 将空的column放回收集管，高速（$\geqslant$14000g）旋转2min以干燥column。

⑲ 将HiBind DNA column放入1.5mL离心管中。将50～100μL（根据前期DNA沉淀的多少决定）的Elution Buffer加入column的膜中心处，在65℃下水浴3min。

⑳ 最高速离心1min。

㉑ 将离心管中的样品保存在－20℃下备用。

5. 高通量测序

对细菌基因组16S rDNA V3～V4区进行扩增，F引物：CAAGCAGAAGACGGCATACGAGATGTGACTGGAGTTCAGACGTGTGCTCTTCCGATCT　（barcode）ACTCCTACGGGAGGCAGCAG。R引物：AATGATACGGCGACCACCGAGATCTACACTCTTTCCCTACACGACGCTCTTCCGATCT(barcode)GGACTACHV GGGT-WTCTAAT。PCR反应体系如下：DNA模板5μL，正向引物和反向引物各1.5μL，PCR Mix Buffer 10μL，DMSO 0.25μL，加ddH$_2$O至20μL。PCR反应条件：98℃，15s；58℃，15s；72℃，15s；共计30个循环，终延伸72℃，1min。

所得PCR产物进行电泳，并切胶纯化。对纯化后的产物进行文库构建：对其进行末端补平，随后在片段两端加上特定的接头。最后对加上接头后的片段进行PCR扩增、纯化。文库构建完成后对文库进行定性和定量的检测。用qPCR进行接头效率检测，根据所得效率算出实际浓度后，将文库按照上机要求稀释到一定浓度，采用 Illumina Miseq 高通量测序。高通量测序工作与杭州谷禾信息技术有限公司合作完成。

6. 数据处理

使用 FLASH 合并所有原始读取的数据，检查序列的质量（http：//ccb. jhu. edu/software/FLASH/）。根据文献内容去除测序质量较差的序列（Caporaso et al，2011）。再次通过 UCHIME 对 16S rRNA 基因序列数据库检测去除序列镶合体（Edgar et al，2011）。最后去除 barcodes 及引物序列，使用 UCLUST 软件，按照 97％相似性进行操作分类单位（operational taxonomic unts，OTU）聚类。统计每个样本的 OTU 数作为各个物种的丰度。用 RDP classifier 软件（http：//rdp. cme. msu. edu），对 OTU 进行物种注释（置信度 0.9）（Lan et al，2012）。此外，基于 OTU 的种类和数量，通过 UPARSE 程序计算群落多样性指数并生成稀疏曲线（Edgar，2013）。

二、 两个湖泊细菌门水平上组成及丰度的变化特征

通过 MiSeq 高通量测序对细菌样品进行检测，所有样品测序覆盖度在 86％～98％之间，表明当前的序列基本能够反映出细菌样品的整体情况。两个湖泊金鱼藻附着细菌样本共检测出 52 个门类，其中 7 月份洪泽湖和太湖样本包含细菌门的个数分别为 43 个和 33 个，而 10 月份样本包含细菌门的个数分别为 42 个和 48 个。

洪泽湖和太湖样品检测出的附着细菌和浮游细菌门类总体相差不大（图 2-33），主要包括变形菌门、蓝藻门、拟杆菌门、放线菌门、厚壁菌门、浮霉菌门、绿湾菌门、疣微菌门、芽单胞菌门、绿菌门、硝化螺旋菌门以及一些未分类的细菌门类（相对丰度大于 0.5％）。变形菌门是最主要的门类，在各个样品中所占的比例约为 28％～50％，在两个湖泊中变形菌门的相对丰度差异较大。主要包含 α-变形菌、β-变形菌、γ-变形菌、δ-变形菌 4 个纲。太湖浮游细菌中 γ-变形菌纲的相对丰度高于附着细菌，其中 7 月份，浮游细菌中 γ-变形菌纲的相对丰度约为 20.7％，约为附着细菌中 γ-变形菌纲的 2 倍（占 9.9％），而在 10 月份，这个比值更是达到了 3 倍多。洪泽湖恰好相反，附着细菌中 γ-变形菌纲的相对丰度约为浮

游细菌中 γ-变形菌纲的 3 倍。蓝藻门也是主要的细菌门类之一，尤其是在太湖附着细菌中，相对丰度分别达到了 27.7% 和 31.8%，远大于在水体中所占的比例（占 13.5% 和 6.4%）。相比而言，洪泽湖中蓝藻门的含量相对较低（占 7.3%～18.8%）。放线菌门在各样本中所占的比例相对稳定，约占 12.9%～30.6%，且在浮游细菌样本中所占的比例远高于附着细菌。此外，如 α-变形菌纲（占 9.7%～12.3%）、β-变形菌纲（占 9.8%～15%）、拟杆菌门（占 6.4%～11%）等细菌门类在各个样本中普遍存在，且相对丰度的变化不明显。

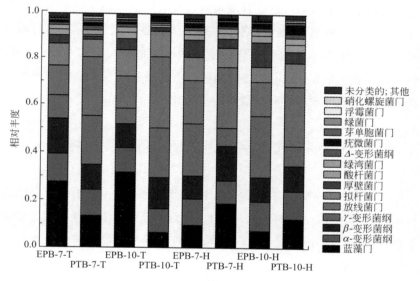

图 2-33　附着细菌和浮游细菌的相对丰度

（T 代表太湖，H 代表洪泽湖；图中只包括相对丰度超过 0.5% 的细菌门类，

相对丰度小于 0.5% 的细菌统称"其他"）

比较两个湖泊主要的细菌组成及其相对丰度，蓝藻门是太湖样品相对丰度最高的细菌门类。前人研究表明，蓝藻门与水体环境有着密切的关系，其中某些种属大量繁殖会引起"水华"（淡水）或"赤潮"（海水）现象，导致水质恶化等一系列环境问题（叶琳琳等，2014）。相比洪泽湖，太湖蓝藻水华现象非常严重（马健荣等，2013）。一些研究表明，沉水植物在蓝藻门的胁迫作用下能够大幅度降低蓝藻门的浓度（陈开宁等，2003）。本实验结果也表明太湖金鱼藻对含有蓝藻门的水体净化作用非常明显。同本研究篦齿眼子菜附着细菌的最优势细菌门类相似，γ-变形菌纲也是洪泽湖金鱼藻附着细菌中最占优势的细菌门类。太湖中 γ-变形菌纲更倾向于附着生长，而在洪泽湖恰好相反，具体的机制尚不清楚。此外有研究报道，太湖某几个特定的月份里，放线菌门是绝对的优势细菌（Wu et al，2007a）。在 Vieira 等（Vieira et al，2008）的研究中，厚壁菌门和拟杆菌门的数量随着水体营养盐浓度的升高呈现出显著增加的趋势。Dimitriu 等（Dimitriu et al，2008）研究了不同营养盐梯度条件下水体细菌的群落组成，发现高营养盐浓度下优势菌群为拟杆菌门和浮霉菌门、而伴随着营养盐浓度减弱，这 2 种细菌数量显著降低，而 α-变形菌纲逐渐占据优势地位。这样的变化在本研究结果中并不是十分明显，分析可能是因为研究区域水体营养盐浓度变化范围比较小。此外，在国外的一些报道中，γ-变形菌纲并不是最占优势的菌群，可能是我国浅水湖泊特殊的地理位置和湖泊结构形成了特有的细菌群落结构。

三、 两个湖泊细菌属水平上组成及丰度的变化特征

所有附着细菌样本中共检测出 488 个细菌属。2 个湖泊金鱼藻附着细菌样本共检测出 488 个细菌属，其中 7 月份洪泽湖和太湖样本包含细菌属的个数分别为 404 个和 316 个，而 10 月份样本包含细菌属的个数分别为 370 个和 424 个。

图 2-34 为聚类热图，热图中的每一个色块代表样品的一个属的相对丰度，样品横向排列，属纵向排列，对样品进行聚类，从中可以了解样品之间的相似性。针对相对丰度前 60 的细菌属绘制聚类热图，结果显示 2 个湖泊附着细菌群落在优势细菌属组成上存在一定的差异。黄杆菌属（拟杆菌门）和假单胞菌属（γ-变形菌纲）在所有样品中占据优势地位，其中假单胞菌属在太湖附着细菌样品中非常突出，达到了 20% 以上，而在洪泽湖浮游细菌中假单胞菌属的比例（8.2%）大于浮游细菌（4.6%）。在太湖样品中，相对丰度最高的 5 个属分别为假单胞菌属（γ-变形菌纲）（6.20%）、黄杆菌属（拟杆菌门）（5.34%）、集球藻属（蓝藻门）（1.04%）、伦黑墨氏菌属（γ-变形菌纲）（0.91%）、芽孢杆菌属（厚壁菌门）（0.84%）。

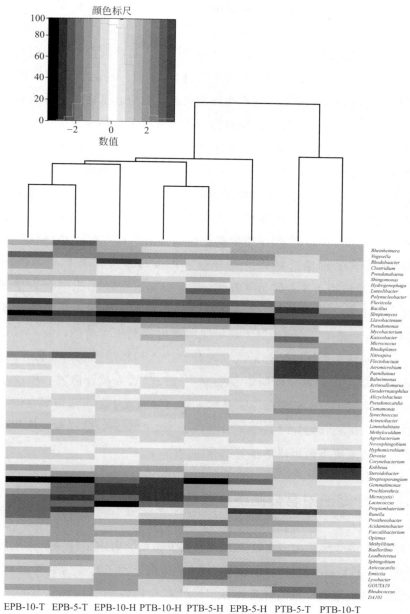

图 2-34 附着细菌和浮游细菌在属水平上的相对丰度热图

在洪泽湖样品中，相对丰度最高的 5 个属分别为黄杆菌属（拟杆菌门）（4.64%）、假单胞菌属（γ-变形菌纲）（3.96%）、芽孢杆菌属（厚壁菌门）（1.59％）、丁酸梭菌属（厚壁菌门）（1.10％）、红细菌属（α-变形菌纲）（0.89％）。

黄杆菌属普遍存在于所有的样品中。研究人员在海洋植物石莼表面检测到该类细菌（Burke et al，2011），它们分泌的一种名为高丝氨酸内酯类的物质能够和宿主植物之间产生强烈的群体效应，从而影响石莼的生长（Twigg et al，2014）。黄杆菌属被检测出随着浮游植物大量生长而显著增加（Nam et al，2003）。此外，黄杆菌属在降低富营养化水体中的蓝藻水华等过程中也发挥了重大作用（Cai et al，2014）。红细菌属在所有样本中均检测到，并且这个属的细菌在浮游细菌中的含量普遍大于附着细菌中的含量。据报道，该细菌属在附着生物膜的形成过程中发挥了关键作用（Elifantz et al，2013）。假单胞菌属在2个湖泊中都占据优势地位，有研究表明这个属的细菌对植物生长有非常积极的作用（Blakney，Patten，2011），广泛应用于生物防治等方面（Sun et al，2014）。此外，假单胞菌属的一些细菌种类能够有效降解环境中的有机物，如多环芳烃和甲苯等（O'Mahony et al，2006）。鉴于假单胞菌属的重要生态功能，我们有必要进一步研究其在水环境生态系统中的分布特征和影响机制。吴鑫等（Wu et al，2007c）的研究也表明太湖最主要的细菌属为黄杆菌属、假单胞菌属、食酸菌属，与本研究的结果基本一致。然而关于各个细菌属在附着细菌中的分配机制我们知之甚少，一些因子微小的变化或者一些未检测到的因子可能会造成细菌组成的显著差异。

四、 两个湖泊附着细菌多样性比较

Alpha多样性是指一个特定区域或者生态系统内的多样性，常用的度量指标有OTU数目、Chao1指数、ACE指数、Shannon指数等。其中，Shannon指数越大，说明群落物种多样性越高，而OTU数目、Chao1和ACE等指标是对细菌样本或整体物种丰富度的估算值。由表2-15可知，在不同的采样季节，洪泽湖植物附着细菌和周围水体浮游细菌的Shannon多样性指数均高于太湖。2个湖泊金鱼藻附着细菌的多样性指数均高于水体浮游细菌。从7月到10月，太湖植物附着细菌和周围水体浮游细菌的

OTU 数增加了约 1 倍,而洪泽湖植物附着细菌和周围水体浮游细菌的 OTU 数前后没有发生明显的改变。在这个过程中,2 个湖泊植物附着细菌的 Shannon 多样性指数增大,而水体浮游细菌的 Shannon 多样性指数减小。

表 2-15 各采样点细菌的丰富度指数和多样性指数

样本	OTU 数	Chao1 指数	Shannon 指数	ACE 指数
EPB-7-T	10121.00	19196.46	9.73	21212.45
PTB-7-T	4669.00	8374.64	8.69	9285.87
EPB-10-T	22513.00	27858.12	10.07	30806.05
PTB-10-T	11498.00	14442.64	8.62	15676.41
EPB-7-H	16192.00	23845.73	10.71	26133.84
PTB-7-H	8524.00	17399.63	10.19	19055.80
EPB-10-H	16657.00	25083.22	10.98	27720.26
PTB-10-H	7717.00	16766.00	9.79	17979.69

此前有研究比较了太湖 3 种不同富营养化程度的湖区(超富营养化的五里湖湖区、浮游藻类占优的梅梁湾湖区以及沉水植物丰富的贡湖湾湖区)水体细菌丰度及多样性差异,发现随着水体富营养化程度的升高,细菌大量繁殖,生物量显著增加。但是相对富营养化现象严重的五里湖和梅梁湾湖区,沉水植物丰富的贡湖湾水体细菌的多样性明显较高(冯胜等,2007)。我们的 2 个研究区域水质相对较好,洪泽湖沉水植物非常密集,形成了一个相对稳定的区域,大量的沉水植物抑制了浮游藻类的生长,同时吸收了水体中的有害物质,为更多类型的微生物提供了生存条件,增加了水体细菌的多样性(黄瑾,2011;Romo,Villena,Garcia-Murcia,2007)。

由于太湖蓝藻大量暴发,在每年秋冬季节,微囊藻大量分解腐烂,导致水体中藻毒素含量显著增加,对某些细菌存在抑制作用(许秋瑾,高光,陈伟民,2005),或病毒的溶菌作用(Weinbauer et al,2007),这很可能是导致洪泽湖水体细菌始终大于太湖的最重要的原因,同时也能够解释尽管 10 月份湖区水体营养盐含量降低,但是水体细菌的多样性仍然呈现下降的趋势。直接比较沉水植物附着细菌和周围水体浮游细菌丰度和多样性的研究并不多见。Burke 在对海洋植物石莼（*Ulva australis*）的研究中发现，其附着细菌的 OTU 数目平均 133 个，而浮游细菌的 OTU 数目平均 140 个（Burke et al，2011）。在本研究中，附着细菌在 10 月的多样性却高于 7 月，与浮游细菌相反。我们猜测附着层在一定程度上将水体与附着细菌生存的微环境分隔开来，附着细菌生物膜结构可能有着比较强的抗逆能力，因此受到水体环境波动的影响较小（Dong et al，2014）。

五、 PCA 分析两个湖泊细菌群落结构的差异

采用主成分分析（PCA）比较细菌群落结构之间的差异性。如图 2-35 所示，2 点之间距离越近，表明两者的群落构成差异越小。太湖的附着细菌样品均在第三象限并且聚在一起，洪泽湖的附着细菌样品均在第二象限且形成一个集合，而所有的浮游细菌样品杂乱地分布在各个象限中，规律性并不明显。

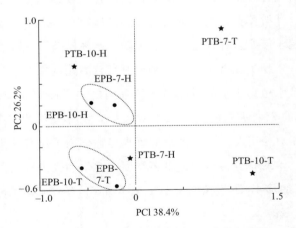

图 2-35 基于优势细菌门类相对丰度的主成分
（相似度较高的样品以椭圆形圈出）

附着细菌分布存在着一定的规律性，2 个湖泊附着细菌的空间差异明显大于季节差异，而由于浮游细菌更易受到水环境变量的影响，因此样本间差异性较大。洪泽湖浮游细菌与附着细菌的相似度远高于太湖，这可能是由于洪泽湖沉水植物生物量大，并且风浪较小，密集的水生植物群落形

成了一个相对稳定的空间。相比而言，太湖附着细菌群落与浮游细菌群落在不同采样季节均表现出极大的差异，湖流的运动导致水质快速交换。

六、　小结

① 2 个湖泊金鱼藻附着细菌样本共检测出 52 个门类，其中 7 月份洪泽湖和太湖样本分别包含细菌门的个数为 43 个和 33 个，而 10 月份样本分别包含细菌门的个数为 42 个和 48 个。γ-变形菌纲（29.8%）是洪泽湖金鱼藻附着细菌中最占优势的菌群。其后依次为放线菌门（16.8%）、α-变形菌纲（11.7%）、β-变形菌纲（10.1%）。蓝藻门（29.7%）是太湖金鱼藻附着细菌中最占优势的菌群，其后依次为放线菌门（13.4%）、β-变形菌纲（12.7%）、α-变形菌纲（10.9%）。放线菌门是 2 个湖泊浮游细菌中相对丰度最高的细菌门类，假单胞菌属、黄杆菌属是 2 个湖泊附着细菌相对丰度最高的细菌属。

② 2 个湖泊金鱼藻附着细菌样本共检测出 488 个细菌属，其中 7 月份洪泽湖和太湖样本包含的个数分别为 404 个和 316 个，而 10 月份样本包含的个数分别为 370 个和 424 个。在太湖样品中，相对丰度最高的 5 个属分别为假单胞菌属（6.20%）、黄杆菌属（5.34%）、集球藻属（1.04%）、伦黑墨氏菌属（0.91%）、芽孢杆菌（0.84%）。在洪泽湖样品中，相对丰度最高的 5 个属分别为黄杆菌属（4.64%）、假单胞菌属（3.96%）、芽孢杆菌属（1.59%）、丁酸梭菌属（1.10%）、红细菌属（0.89%）。

③ 在同一个采样季节，洪泽湖金鱼藻附着细菌及其周围水体浮游细菌的多样性均高于太湖，金鱼藻附着细菌的多样性指数要高于植物周围水体浮游细菌。植物的生物量以及太湖水体中含有较多的蓝藻水华可能是造成这 2 个湖泊细菌多样性差别的重要原因。此外，PCA 分析结果显示，附着细菌在空间上的差异性大于其在季节上的差异性，而各个浮游细菌样本间差异性较大。

第三章　附植生物的生态功能

第一节　附植生物对沉水植物光合作用的抑制效应

近年来，附着物对沉水植被的影响开始受到重视。在富营养化浅水湖泊中，沉水植物茎叶表面通常覆盖密集的附着物（Sand-Jensen，1990；董彬等，2013；魏宏农等，2013；张亚娟等，2014）。这种附着物可降低穿叶莲子菜（*Potamogeton perfoliatus* L.）（Asaeda et al，2004）、菹草（Chen et al，2007；张亚娟等，2014）、马来眼子菜（*Potamogeton Mala-ianus*）、狐尾藻（*Myriophyllum spicatum*）（宋玉芝等，2010）的光合作用，导致沉水植物提前衰亡甚至消失。秦伯强等（2006）发现，在太湖富营养水域中附植生物会明显降低金鱼藻（*Ceratophyllum demersum*）、穗花狐尾藻（*Myriophyllum spicatum*）等沉水植物的光合作用效率；Asaeda 等（2004）的研究表明，附着藻类对穿叶莲子菜（*Potamogeton perfoliatus*）有遮阴的影响；宋玉芝等（2007）的研究表明，附植生物会明显抑制伊乐藻（*Elodea nuttalii*）的生长，并且附植生物的生物量越大抑制作用越明显；文明章等（2008）也证实了附植生物对苦草的生长有明显的抑制作用。在富营养化水体中，附着物不仅会促进沉水植物的消亡，而且对沉水植物的恢复起阻碍作用（宋玉芝等，2007）。

但是，目前对微界面附着物影响沉水植物光合作用的过程和机制还缺乏深入研究。为弄清附植生物对沉水植物的生态效应，比较研究了太湖马来眼子菜附着物对沉水植物的光合作用的抑制影响。

一、 材料和方法

分别在马来眼子菜生长的幼苗期（5 月）、成熟期（10 月）和衰亡期（12 月）自太湖东北部的贡湖湾连根采集马来眼子菜不少于 30 株，采样时尽量避免搅动，以减少附植生物的损失。将采集的马来眼子菜置于装有冰袋的保温箱中 4h 内运回实验室。同时，现场原位测定马来眼子菜的叶绿素荧光参数和水环境因子，采集原位水 5L。24h 内测定植物茎叶微界面 O_2、附着物指标和水质指标。

1. 沉水植物微界面附着物的测定

用剪刀从不同植株上采集典型茎叶，装入盛有无菌水的聚乙烯瓶中，每个样品 5 个平行，带回实验室。用软毛刷和无菌水轻刷洗植物表面，用显微镜（OLYMPUS CX31）观察，确保附着物完全刷下且茎叶表面未受损。刷洗液连同软毛刷冲洗液一并收集，将收集的样品定容。

取 3 份样品的附着物悬浊液均分成 4 等份，2 份通过预烧和预称重的 Whatman GF/C 滤膜（孔径 $0.45\mu m$）真空抽滤，用于干重分析；另 2 份通过醋酸纤维滤膜（孔径 $0.45\mu m$）真空抽滤，用于叶绿素 a 分析。附着物干重（DW）通过真空抽滤后将带有附着物的滤膜在 105℃ 下烘 24h 测定。附着物灰分重（AW）通过抽滤物在马弗炉中 550℃ 下燃烧 4h 测得。附着物的无灰干重（free-ashdry weight，FADW）通过燃烧损失的质量干重与灰分重之差计算得到，也可表示附着有机物含量（Asaeda et al，2004；Pan et al，2000；董彬等，2013；Dong et al，2014）。附着物叶绿素 a（Chl-a）采用标准方法测定（魏复盛，2002），得到的结果通过植物单位干重计算。附着藻类密度与生物量单位采用 $10^3\,ind/cm^2$，沉水植物和植株表面积用 Licor LI 3000 Areameter 测定。

2. 沉水植物微界面附着物和微界面 O_2 的测定

将整株植物置于装有原位水的方形玻璃缸中，使整株植物悬浮在水中，将茎和叶片固定在琼脂板上。通过控温台使水温保持在（20±0.5）℃。在光纤灯（BC-150，南京）控制光密度 200μmol 光子/（m^2·s）下，使用丹麦微电极研究系统（Unisense A/S，Arhus，Denmark）进行测定。将 O$_2$ 微电极（尖端直径 10μm）连接到主机皮安通道上，经过极化信号稳定后，通过无氧水和氧饱和水在实验温度下线性校准。将校准后的 O$_2$ 微电极固定在三维操纵器上。

3. 微界面 O$_2$ 通量的计算

扩散边界层（DBL）内通过附着层与上覆水交界处的 O$_2$ 通量可用菲克第一扩散定律（Fick's first law）$J(x) = -\phi D dC(x)/dx$ 来计算。由于附着物含水量高、颗粒密度较小，假设附着层内孔隙度（ϕ）和扩散系数 D 均匀，根据 Sand-Jensen 等（1985），20℃下 ϕ 定为 1.0（体积比），扩散系数 D 定为 2.0×10^{-5} cm^2/s。上式中，dx 表示距附着层表面的深度；dC（x）/dx 表示扩散边界层中 O$_2$ 线性变化的斜率；O$_2$ 由附着层向上覆水扩散的方向通量 J（x）为正。

4. 沉水植物快速光响应曲线和水质指标的测定

在野外观测现场，随机选择马来眼子菜 5 株，利用水下荧光仪（Diving-PAM）（WALZ，德国）测定马来眼子菜叶片的快速光响应曲线（rapid light curves，RLCs），分别测定具有附着物的叶片和用毛刷轻轻地去除附着物的叶片各 5 片，用软件 Wincontrol（Walz GmbH，Effeltrich，德国）分析处理数据（Schreiber et al，1997）。马来眼子菜的光合作用速率由净光合作用速率表示。

$$附植生物光合作用抑制效率 = \frac{去除附植生物后马来眼子菜的光合作用速率 - 具附植生物的马来眼子菜的光合作用速率}{具附植生物的马来眼子菜的光合作用速率} \times 100\%$$

用便携式参数检测仪（Hach，USA）在每个采样点现场测定水温、DO、pH 值和 E_h。用于化学分析的水样和沉积物样置于恒温箱中运回实验室。水样膜过滤后用于分析 NO$_3^-$-N、NO$_2^-$-N、NH$_4^+$-N，水样 TN 和 TP 不经过滤直接分析，底泥的硝酸盐、铵盐和 TDN 用 2mol/L 的 KCl 浸提。用连续流动水质分析仪（Auto Analyzer3，德国）采用标准方法分析水体总磷（TP）、总氮（TN）、NH_4^+-N、NO_3^--N。TP采用钼锑抗分光光度法测定，TN采用过硫酸钾氧化紫外分光光度法测定，NH_4^+-N采用水杨酸分光光度法测定，NO_3^--N采用紫外分光光度法测定。

5. 数据处理

用软件SPSS17.0进行数据的统计分析。在进行统计分析前，所有数据进行正态性检验和方差齐性检验。用单因素方差（one-way ANOVA）分析生长阶段对附着物、微界面O_2分布和植物快速光响应曲线的影响。用双因素方差（two-way ANOVA）分析生境和季节对反硝化作用的影响，差异显著的用多重比较（LSD）对平均值进行检测（$P < 0.05$）。用偏相关（pearson correlation matrix）分析附植生物反硝化作用的影响因素。用Origin8.0作图。

二、 马来眼子菜不同生长阶段附着物和附着层的 O_2 分布特征

不同生长阶段马来眼子菜上附着物的干重（DW）、灰分重（AW）、无灰干重（FADW）、叶绿素a含量（Chl-a）、附着层厚度和扩散边界层厚度等指标如表3-1所列。衰亡期各指标均为最高，成熟期的次之，幼苗期的最低，幼苗期与衰亡期和成熟期的各指标存在显著差异。

表 3-1　马来眼子菜不同生长阶段附着物特征

附着物指标	幼苗期	成熟期	衰亡期
DW/(mg/cm²)	0.68±0.04	3.25±0.17	4.72±0.25
AW/(mg/cm²)	0.54±0.04	2.51±0.14	3.68±0.19
FADW/(mg/cm²)	0.14±0.01	0.74±0.04	1.04±0.06
Chl-a/(μg/cm²)	2.54±0.12	12.20±0.73	18.30±0.93
附着层厚度/μm	80±7	606±12	623±31
扩散边界层厚度/μm	950±17	1753±33	1160±53

附着物影响沉水植物叶扩散边界层厚度、微界面O_2浓度的分布和大小（表3-1，图3-1）。有附着物时，幼苗期、成熟期和衰亡期叶扩散边界层厚度分别为（950±17）μm、（1753±33）μm和（1160±53）μm（根据不同点测得的4个氧剖面推导而得），叶表面O_2浓度分别为（408.06±6.12）μmol/L、（544.70±8.21）μmol/L和（284.83±4.27）μmol/L

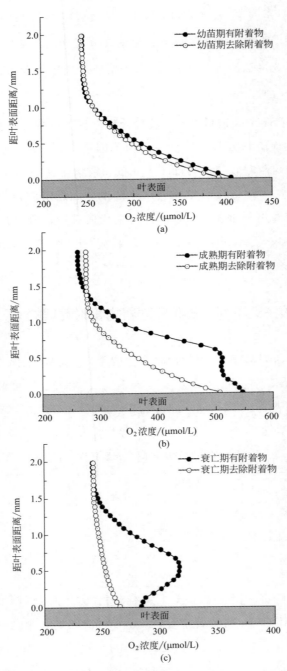

图 3-1　附着物对马来眼子菜叶微界面 O_2 浓度的影响

（图 3-1）；而去除附着物后，扩散边界层厚度分别降为（890±11）μm、（1233±57）μm 和（400±21）μm，叶表面 O_2 浓度分别降为（397.48±5.98）$\mu mol/L$、（516.66±7.77）$\mu mol/L$ 和（267.33±4.02）$\mu mol/L$（图 3-1），上覆水中 O_2 浓度为（251.10±12.05）$\mu mol/L$。本研究表明，去除附着物后，叶微界面 O_2 浓度波动幅度显著降低（图 3-1），扩散边界层厚度显著降低，相应地茎叶微界面 O_2 浓度降低。从幼苗期至成熟期，附着物的存在明显降低了微界面氧通量（表 3-2），这主要是由于附着层的存在增加了 O_2 扩散的阻力。而 Sand-Jensen 发现，$15\sim20℃$ 下测定 6 月份具 1.5mm 厚附着物的菹草叶表和去除附着物的叶表 O_2 浓度分别为 $640\mu mol/L$ 和 $395\mu mol/L$，上覆水中 O_2 浓度为 $315\mu mol/L$（Sand-Jensen et al，1985）。本研究中，马来眼子菜具附着物和去除附着物的茎叶表面 O_2 浓度均低于 Sand-Jensen 等的结果，这可能与本研究中附着物厚度[（80.3±6.6）$\sim$（623.3±30.6）μm]偏小和测定的温度（20℃）偏高有关，还可能与植物种类、所处的生长阶段和水体营养状态有关。而在 Spilling 等（2010）研究的不同光照下 *Fucus vesiculosus* L. 叶表 O_2 浓度分布中，扩散边界层厚度均低于 $500\mu m$，与本研究中的差异除植物种类外，该研究中无附着物可能是扩散边界层厚度差异如此之大的主要原因。

表 3-2　马来眼子菜叶微界面附着物表面 O_2 通量

单位：$\mu mol/（cm^2 \cdot min）$

有无附着物	幼苗期	成熟期	衰亡期
有附着物	2.04±0.10	3.02±0.15	1.08±0.05
去除附着物	2.05±0.10	3.54±0.18	0.19±0.01

三、 微界面附着物对沉水植物光合作用的影响

附着物显著降低了马来眼子菜叶片的光合作用（图 3-2）。快速光响应曲线是电子传递速率随光强的变化曲线，可衡量植物叶片的光合作用能力，反映实际的光合作用状态（Schreiber et al，1997；Ralph，Gademann，2005）。马来眼子菜去除附植生物后，对光强的适应性有所

增加，电子传递速率明显提高（图 3-2）。幼苗期、成熟期和衰亡期具附着物的马来眼子菜叶 ETR_{max} 分别为 $23.7\mu mol/(m^2 \cdot s)$、$32.50\mu mol/(m^2 \cdot s)$ 和 $9.50\mu mol/(m^2 \cdot s)$，显著低于去除附着物的叶片 $[23.93\mu mol/(m^2 \cdot s)$、$66.5\mu mol/(m^2 \cdot s)$ 和 $15.9\mu mol/(m^2 \cdot s)]$，表明附着物密集的马来眼子菜叶片的光合作用能力低于去除附着物的叶片，附着物可降低植物的光合作用。

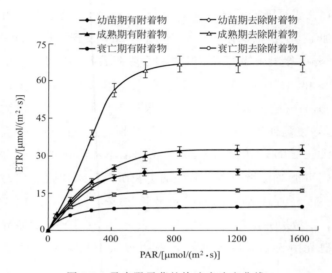

图 3-2 马来眼子菜的快速光响应曲线

附着物对菹草光合作用速率具有一定的影响。在幼苗期、成熟期和衰亡期，马来眼子菜附着物光合作用速率抑制率分别达到 0.96%、51.13%、40.25%，附着物生物量与对菹草光合作用速率的抑制率呈显著相关，这与张亚娟等的研究结果一致；ρ（TP）与附着物 w（Chl-a）呈极显著相关，而与附着物生物量及其对菹草光合作用速率抑制率呈显著相关。在营养盐水平较高的情况下，附着物对菹草光合作用的抑制相对较强。越是富营养化严重的水域，水生植物上的附着物对其生长的影响越大，而富营养化水平越低的水域，水生植物受附着物的影响也相对较小。宋玉芝等研究发现，附着物对沉水植物伊乐藻的生长有显著影响，随着附着物生物量的增加，伊乐藻的生物量减少，光合作用效率和叶绿素含量都有所下降。

太湖为浅水型湖泊，平均水深仅 1.9m，风浪引起的泥沙再悬浮现象明显，水体透明度较低（10～40cm），水下光照弱。泥沙等附着物长期在马来眼子菜茎叶表面沉积附着后，削减了进行光合作用的光，可能导致植株与水体间的气体交换和营养物质交换发生改变（Korschgen et al，1997），不利于沉水马来眼子菜的生长，甚至导致沉水植物提前衰亡。

附着物是沉水茎、叶植物表面的一个复杂的系统，包括附着藻类、菌类、动物、有机和无机碎屑等，可减弱到达植物表面的光，抑制植物的光合作用，增大水与植物表面间物质传递的阻力，从而影响植物生长。同时，附生藻类通过营养物质转化、代谢产物释放等过程引起水环境变化，某些附生藻类甚至会产生藻毒素，从而威胁水生生物。

四、 附着物抑制沉水植物光合作用的可能机制

本研究表明，附着物可显著降低沉水植物马来眼子菜的光合作用。附着物内的间隙水和位于其上的扩散边界层形成了一个较厚的层，在这一层内，物质运输主要通过分子扩散进行。附着物增加了植物叶表面 O_2 和可溶性物质的运输距离和阻力，使扩散边界层厚度增加，从而附着层内 O_2 浓度维持较高水平（Sand-Jensen et al，1985；Sand-Jensen，1989；Ramcharan et al，2009）。对马来眼子菜来说，这一较厚的层可看作是一整个厚的扩散边界层。因此，当去除附着物后这种扩散边界层厚度降低，由于氧和其他可溶性物质的扩散阻力降低，叶表面 O_2 和其他可溶性物质将不再像附着层下那样维持较高浓度，因此随着距茎叶表面的距离减小，O_2 增加的幅度减小（图 3-2）。附植生物群落都在相对较低的光强[100～300μmol/(m^2·s)]下达到光饱和，与没有附植生物的水生植物相比，这些群落的光补偿点也较低[20～40μmol/(m^2·s)]，附植生物增加了叶表面的pH 值和 O_2 浓度（Revsbech，Jorgensen，1986），这可能就是遮阴效应——附植生物对宿主植物的主要负面影响。附着物竞争沉水植物叶片表面的光以及溶解无机碳从而削弱其光合作用，并增加了叶片的细胞外扩散层厚度从而降低了溶解无机碳的供应（Sand，1977）。沉水植物光合作用产生的氧气通过茎叶表面散逸到水中，在茎叶表面形成富氧区，附着层内

的有机质分解耗氧（McCormick et al，2001；Pietro et al，2006）容易导致茎叶表面成为耗氧厌氧区域。因此，附着物通过遮阴阻抑了沉水植物对光的吸收利用，光下产生高浓度 O_2 和低浓度 CO_2，黑暗中形成缺氧环境，制约了沉水植物的生长发育（Sand-Jensen et al，2000；Asaeda et al，2004；Liboriussen，Jeppesen，2006；秦伯强等，2006；宋玉芝等，2010），导致沉水植物退化甚至消失（Kiorbe，1980；Phillips et al，1978）。本研究结果与附着物对穿叶莲子菜（*Potamogeton perfoliatus*）（Asaeda et al，2004）、菹草（Chen et al，2007；张亚娟等，2014）、马来眼子菜、狐尾藻（*Myriophyllum spicatum*）（宋玉芝等，2010）的影响一致。

附植生物与沉水植物的关系相当复杂。沉水植物为附植生物提供着生长基质，释放大量的无机化合物供附植生物使用，还能在光合作用和因衰老死亡时释放大量的有机化合物，促进附植生物的生长和发育。由高等水生植物和附植生物释放的有机质可以被附植细菌所利用。另外，附植生物可以与高等水生植物组合净化水质。Pietro 等通过研究发现，在水体中磷含量较高时，沉水植物金鱼藻与附植生物的联合体可以过量地吸收水体中的磷，从而起到改善水质的作用。高等水生植物和附植生物之间也存在着相互抑制的作用。如果挺水植物生长十分茂盛，其产生的遮阴作用会使水中的光衰减很快，从而影响附植生物的光合作用。在水体富营养化情况下，水中营养物浓度充足，会刺激附植生物的大量生长，附植生物所产生的消光等作用将对沉水植物产生不利影响，甚至导致沉水植物消亡。

目前，国内外针对附植生物对沉水植物的影响已进行了一系列的研究。Laugaste 等和 Smoot 等认为，在富营养化湖泊藻类暴发过程中，首先发生的是附植生物的大量繁殖，而后才发生浮游藻类暴发，同时指出，附植生物的大量繁殖或许是藻类暴发和沉水植物消亡的重要诱因，但是附植植物影响淡水沉水植物的生长和繁殖的直接证据仍然不足。近年的研究表明，附植生物对沉水植物的生长有着显著的影响，如 Iwan 等发现由于附植生物对水中 CO_2 的利用，使沉水植物叶片表层的 CO_2 浓度降低至 $2\mu mol/L$，使无机碳浓度成为沉水植物光合作用的关键限制因子，对沉水植物光合作用产生了不利的影响。Asaeda 等通过研究证实，附植生物引起沉水植物叶绿素含量改变、叶片枯死量增加和光合产量下降。Phillips等认为，附植生物对沉水植物的资源竞争是沉水植被在富营养化水体中退化的关键因子。因此，附植生物可以通过对植物光合作用必需物质的竞争和改变植物光合色素含量来抑制植物的光合作用。

附植生物的大量繁殖是富营养化水体中沉水植物消亡的一个重要原因，但对于附植生物大量繁殖是否是沉水植物消亡的最直接原因这一问题，国内外学者的观点并不一致。有研究指出，附植生物可能是富营养化水体由草型水生生态系统转化为藻型水生生态系统过程中的一种"启动装置"，但是目前尚没有直接有力的证据能够证实这一点。

附植生物在沉水植物恢复过程中具有重要的阻碍作用。附植生物不仅会促进沉水植物的消亡，而且对沉水植物的恢复也会起到阻碍作用。秦伯强等在对太湖梅梁湾、贡湖湾附植生物进行调查研究，并结合营养盐水平考察附植生物对沉水植物光合作用的影响时指出，在浅水富营养化湖泊的治理中，实现从藻型生态系统转化为草型生态系统时伴随的延时或反弹现象，或许正是由附植生物对沉水植物光合作用的抑制这样一种"缓冲作用"造成的。他认为要在富营养化水域中恢复沉水植物，首先必须将水体中的营养负荷降低到一定程度后，才可以大规模恢复水生植物。宋玉芝等通过研究不同营养环境中附植生物的现存量以及沉水植物的光合速率发现，富营养化程度高的水域中沉水植物上附植生物的现存量较高，附植生物显著抑制沉水植物的光合作用，其抑制作用可高达 91.9%，该研究结果在一定程度上支持了秦伯强的观点。在对沉水植物伊乐藻的研究中发现，随着附植生物量的增加，伊乐藻的生物量、叶绿素质量分数以及光合作用速率随之下降。试验 50d 后，加入附植生物处理的伊乐藻生物量与对照相比分别减少了 5%～15%，叶绿素质量分数以及光合作用速率分别下降了 20%～43%、10%～36%，通过分析丝状附植生物对沉水植物伊乐藻的遮阴作用，初步推测附植生物对沉水植物伊乐藻的影响可能是由附植生物的遮阴作用所引起的。陈灿等研究了不同营养状态下附植生物对菹草叶片光合机能的影响，研究结果表明，水体营养水平的提高促进了沉水植物叶片附着藻类的增殖，导致菹草叶片光合机能下降，即实验开始 42 天后，Chl-a 密度下降 25.2%，类胡萝卜素（Caro）密度下降 20.8%，光合系统Ⅱ（PSⅡ）电子产率降低 9.8%，电子传递速率（ETR）下降，光化学淬灭（qP）平均下降超过 60%，由此指出附植生物导致沉水植物光合机能下降，而营养盐对植物光合作用的影响是间接的。综上所述，在富营养化水体中进行沉水植被恢复时，附植生物对沉水植物的抑制比营养盐更加直接，采取一定的措施来降低附植生物对沉水植物的抑制，可以加速沉水植被的恢复。

目前，关于附植生物对沉水植物的影响研究主要集中在对沉水植物光合作用的影响上，而附植生物对沉水植物其他生理过程的影响有待进一步研究。虽然已有研究表明附植生物大量繁殖可能是沉水植物消亡和藻类暴发的诱因，但是需要寻找更直接有力的证据予以证实。

治理湖泊富营养化，恢复沉水植被，需要严格控制水体营养盐水平，减少附着物对沉水植被的影响。同时，还要增加水体的透明度，减少浮游生物及颗粒物与附着物对沉水植物光合作用的协同抑制效应。

第二节　沉水植物附植生物的反硝化作用

在富营养化水体中，沉水植物茎叶表面常富集多种物质，形成厚度不等的附着层（Sand-Jensen，1990；董彬等，2013）。附着层不但制约了沉水植物的生长发育，可能是造成沉水植物衰退的重要原因（Asaeda et al，2004；宋玉芝等，2010），而且附着层内异质性微环境对水体与植物之间的物质迁移转化具有重要影响，进而调控水体的物质循环。氮是我国湖库、河流等水体的主要污染物之一，调控和消减氮负荷是水环境管理和修复的关键问题。沉积物-水体-生物-大气多种界面间不断进行的氮素迁移转化是氮污染研究的重要环节，目前对非生物环境界面氮素迁移转化的研究已进行得较为深入（Devol，2015；范成新等，2004），而生物-环境界面水平上的相关研究逐渐成为研究的热点。

湿地植物根系附近的富氧-厌氧微环境产生的硝化-反硝化作用已得到

证实，并形成了根际硝化-反硝化理论（Reddy，1989）。前期研究发现，富营养化水体中沉水植物茎叶表面的附着层存在类似根际的富氧-缺氧微环境，且含有丰富的硝酸盐、有机质和微生物。附着物中有机质的消耗和异养微生物对氧的利用创造了厌氧微环境，这种厌氧微环境为可能发生反硝化作用创造了条件，沉水植物附植生物的反硝化作用在养分丰富的淡水环境中可能是主要的氮去除过程（Sorensen et al，1988；Sorensen et al，1990；Nielsen et al，1990；Eriksson，Weisner，1996）。但是，目前对淡水植物附植生物反硝化作用的研究较少（Eriksson，Weisner，1996；Eriksson，2001；Toet et al，2003）。鉴于此，利用^{15}N同位素配对结合膜接口质谱仪技术测定了富营养化浅水淡水湖泊太湖不同季节、不同湖区沉水植物马来眼子菜附植生物的反硝化作用，目的是研究附植生物反硝化作用的季节和空间变化，评价影响反硝化作用的主要因素，评价附植生物反硝化作用在氮去除和养分周转中的作用和地位。

一、 材料和方法

1. 研究和概况

采样点分布在中国第三大淡水湖太湖的不同生态类型的 3 个湖区：梅梁湾站点（31°25′49.29″N，120°11′12.03″E）、贡湖湾站点（31°22′1.52″N，120°18′21.31″）和胥口湾站点（31°7′33.92″N，120°21′14.86″）。位于太湖北部的梅梁湾富营养化程度较高，为藻型湖泊，有少量马来眼子菜生长；位于太湖东北部的贡湖湾，中度富营养，整个湖区正从藻-草过渡湖区向藻型湖区转变；位于太湖东部的胥口湾分布着大面积大型水生植物，为草型湖泊，主要有水生植物马来眼子菜（*Potamogeton Malaianus*）、苦草（*Vallisneria natanus* L.）、荇菜（*Nymphoides peltatum*）、黑藻（*Hydrilla verticillata*）和金鱼藻（*Ceratophyllumdemersum* L.），水质较好。

2. 样品采集

分别在 2013 年 8 月 24 日（夏季）、10 月 16 日（秋季）和 12 月 7 日（冬季）从太湖梅梁湾、贡湖湾和胥口湾采集马来眼子菜。在每个采样点随机选择 3 个间隔 $50 \sim 100m$ 的采样区，在每个采样小区采集 $8 \sim 12$ 株植物。10 月 16 日，在每个采样区用重力采泥器采集完整沉积物柱（深 10cm，直径 8.4cm），共采集 9 个泥柱。采集后，取表层 $0 \sim 3cm$ 泥样装入黑色无菌塑料袋中，排出空气，封好。隔着塑料袋用手将底泥混匀，再用自封袋封口。同时采集表层 30cm 水样 1000mL，用于测 $NO_3^- \text{-N}$、$NO_2^- \text{-N}$、$NH_4^+ \text{-N}$、TN 和 TP。植物、底泥和水样置于恒温冰盒中，立即运回实验室处理。

3. ^{15}N 同位素植物和底泥样品的培养

取马来眼子菜茎段 50g 和 10mL 混匀成泥浆的沉积物，装入透明的密性圆柱形塑料容器中（长 400mm，内直径 40mm），封口后在原位温度下于黑暗中预培养 12h（Dalsgaard，Revsbech，1992）。反硝化培养液根据 Eriksson 和 Weisner 进行改进（Eriksson，Weisner，1996）（表 3-3），加入 $Na^{15}NO_3$，使培养液中 $^{15}NO_3^-$ 浓度为 $100\mu mol/L$。往预培养的植物和底泥样品柱中注入培养液至溢出，塞入橡胶塞使上部无顶空并用封口膜封口，置于黑暗中在原位温度下培养。培养结束后向指定管中加入 2mL $ZnCl_2$（0.5g/mL）溶液以终止微生物活性。采集水样置于细长磨口玻璃管中使其溢出，用膜接口质谱仪（membrane inlet mass spectrometer，MIMS）测定可溶性气体 $^{28}N_2$、$^{29}N_2$、$^{30}N_2$、O_2 的含量。其余水样用于分析 $NO_3^- \text{-N}$、$NO_2^- \text{-N}$、$NH_4^+ \text{-N}$、TN、TP 和 DOC。

表 3-3　实验中使用的培养液组成

大量成分	浓度		微量成分	浓度	
	mmol/L	mg/L		mmol/L	mg/L
$Na_2HPO_4 \cdot 12H_2O$	0.16	50	$MnCl_2 \cdot 4H_2O$	8	1.6
KH_2PO_4	0.30	40	$ZnSO_4 \cdot 7H_2O$	3	0.86
$MgSO_4$	0.60	70	$CuSO_4 \cdot 5H_2O$	0.3	0.075
Fe-Na-EDTA	15	5.5	$(NH_4)_6Mo_7O_{24} \cdot H_2O$	0.030	0.037
H_3BO_3	30	1.9			

4. N₂ 同位素组分的测定和计算

N 同位素的自然丰度是^{14}N 99.64％和^{15}N 0.36％。^{15}NO$_3^-$加入水中，这种^{15}NO$_3^-$和附着物中的^{14}NO$_3^-$混合。根据标记混合物的同位素标记，这种混合硝酸盐反硝化作用产生的 N₂ 的分子量可能是 28、29、30（图 3-3）。将各种产物的浓度随培养时间的变化进行回归来获得相应的速率。再根据^{29}N₂（r_{29}）和^{30}N₂（r_{30}）产生速率可计算^{15}NO$_3^-$（D_{15}）反硝化作用（Steingruber et al，2001）。

$$D_{15} = r_{29} \times 2r_{30} \tag{3-1}$$

未标记的^{14}NO$_3^-$反硝化作用速率（Nielsen，1992）可做如下计算：

$$D_{14} = D_{15} r_{29}/(2r_{30}) \tag{3-2}$$

附着物中总反硝化作用速率为：

$$D_{tot} = D_{14} + D_{15} \tag{3-3}$$

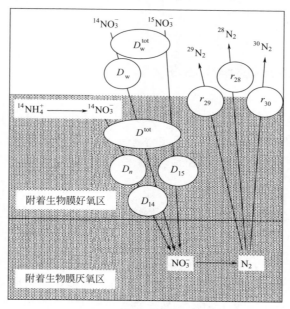

图 3-3　^{15}NO$_3^-$示踪实验中转化速率示意

5. 水环境因子的测定

用便携式参数检测仪（Hach，USA）在每个采样点现场测定水温、DO、pH 值和 E_h。用于化学分析的水样和沉积物样置于恒温箱中运回实验室。水样膜过滤后用于分析 $NO_3^- \text{-N}$、$NO_2^- \text{-N}$、$NH_4^+ \text{-N}$，水样 TN 和 TP 不经过滤直接分析，底泥的硝酸盐、铵盐和 TDN 用 2mol/L 的 KCl 浸提。上述样品指标用多通道连续流动分析仪（AutoAnalyzer3SEAL Analytical GmbH，Germany）分析。

6. 数据处理

用软件 SPSS17.0 进行数据统计分析。在进行统计分析前，所有数据进行正态性检验和方差齐性检验。用单因素方差（one-way ANOVA）分析生长阶段对附着物、微界面 O_2 分布和植物快速光响应曲线的影响。用双因素方差（two-way ANOVA）分析生境和季节对反硝化作用的影响，差异显著的用多重比较（LSD）对平均值进行检测（$P < 0.05$）。用偏相关（pearson correlation matrix）分析附植生物反硝化作用的影响因素。用Origin8.0 作图。

二、附植生物的反硝化活性

附植生物具有反硝化作用活性且存在明显的时空差异（图 3-4）。梅梁湾、贡湖湾和胥口湾的反硝化作用速率季节差异显著（$P < 0.05$，图 3-4），最高的反硝化作用速率均出现在秋季（10 月），分别为（33.80 ± 8.85）$\mu mol/(m^2 \cdot h)$、（15.95 ± 5.38）$\mu mol/(m^2 \cdot h)$、（10.86 ± 2.10）$\mu mol/(m^2 \cdot h)$。3个地点最低的反硝化作用速率均出现在冬季（12 月），分别为（18.4 ± 2.18）$\mu mol/(m^2 \cdot h)$、（8.70 ± 1.84）$\mu mol/(m^2 \cdot h)$、（4.54 ± 1.34）$\mu mol/(m^2 \cdot h)$。梅梁湾的反硝化作用速率最高，显著高于贡湖湾和胥口湾（$P < 0.05$），贡湖湾的高于胥口湾，但无显著差异。这可能与不同地点马来眼子菜所处的水体的富营养化状态有关。梅梁湾的富营养化程度最高，胥口湾的最低，贡湖湾的居中。

本研究中，沉水植物马来眼子菜附植生物反硝化作用的季节变化为秋季最高,冬季最低,夏季居中。在富营养化太湖中,由于马来眼子菜对水环境具有较强的适应性,在覆盖度和分布面积上,成为沉水植物种的优势种之一。夏季,植物进入生长高峰期,生物量较春季显著增长,可达春季的 2.76 倍,但叶面附着物相对较少(图 3-5),因此反硝化作用速率相对较低。秋季(10 月),马来眼子菜从营养生长转入生殖生长,穗状花序在水面上大量出现,生物量较前期略有降低,附着物持续增加,反硝化作用速率达到最大(图 3-4)。冬季(12 月),水温降至(6.3±0.5)℃,马来眼子菜的生长受到抑制,

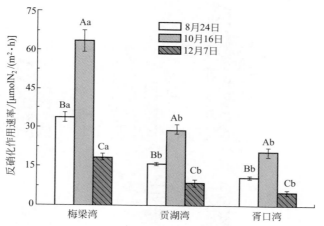

图 3-4 马来眼子菜附植生物反硝化作用时空特征(单位植物表面积)

(不同大写字母表示时间差异,不同小写字母表示空间差异)

生物量急剧下降,植物进入衰亡阶段,叶片开始分解,虽然此阶段附着物量达到整个生命周期内最大,但由于温度的限制,反硝化作用速率降至最低。目前,对沉水植物附植生物反硝化作用的研究相对较少。Eriksson 等通过多年研究富营养化水体中沉水植物篦齿眼子菜(*Potamogeton pectinatus* L.)附植生物在浅水淡水生态系统中养分去除中的作用(Eriksson,Weisner,1996;Eriksson,Weisner,1997,1999;Eriksson,2001),发现篦齿眼子菜的成熟叶和衰老叶附植生物反硝化活性较高,具稀疏的附植生物的幼嫩叶或去除附植生物的叶没有检测到反硝化活性。Toet 等认为,生长季节沉水植物伊乐藻附植生物反硝化作用速率下降与芦苇和浮水植物的遮阴有关(Toet et al,2003)。但对富营养化水体太湖马来眼子菜附植生物反硝化作用季节变化的研究还未见报道,还有待深入研究。

三、马来眼子菜附植生物的特征

马来眼子菜附着物干重(DW)存在显著的时空差异($P<0.05$,图3-5)。

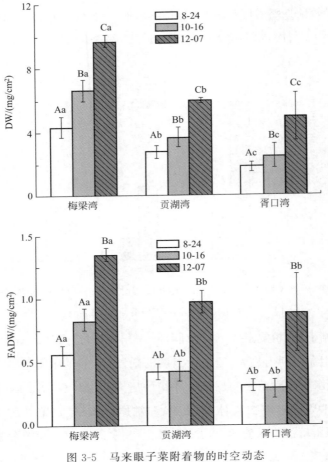

图3-5　马来眼子菜附着物的时空动态

(不同大写字母表示季节差异,不同小写字母表示地点差异)

梅梁湾、贡湖湾和胥口湾的附着物干重季节差异显著,自夏季(2013年8月)至冬季(2013年12月)显著增加,冬季(2013年12月)达到最高,分别为$(9.73\pm0.89)\mathrm{mg/cm^2}$、$(6.03\pm0.50)\mathrm{mg/cm^2}$、$(4.96\pm0.51)\mathrm{mg/cm^2}$。梅梁湾的附着物干重最高,显著高于贡湖湾和胥口湾($P<0.05$),胥口湾的最

低。附着物无灰干重(FADW)季节变化趋势与干重的不同,梅梁湾的自夏季(8 月)至冬季(12 月)显著增加,冬季(12 月)达到最高,而贡湖湾和胥口湾夏季与秋季的无明显差异,但显著低于冬季的。地点上,梅梁湾的最高,与贡湖湾和胥口湾差异显著,但贡湖湾与胥口湾差异不显著。

四、反硝化作用的影响因素

我们检测到 3 个地点的反硝化速率存在时空差异(图 3-4)。不同季节均表现为梅梁湾＞贡湖湾＞胥口湾。水体中 NO_3^--N、NO_2^--N 和 TN 浓度与反硝化速率有相似的变化趋势。对梅梁湾来说,高的无机氮浓度可能为反硝化功能菌提供了有利的生长条件。较高的无机氮浓度和丰富的附着物可能通过影响反硝化功能菌的多度和分布而显著提高反硝化作用速率。8 月反硝化作用速率低于 10 月可能是由于水体较低的无机氮浓度限制了反硝化功能菌的生长和附着物的附着。10 月出现最高的反硝化作用速率可能是无机氮浓度的提高和附着物增加综合作用的结果。水温是调节反硝化功能菌活性的一个重要因素,在湖泊沉积物泥浆研究中发现 DNF 在 14.0～35.5℃温度范围内随温度升高呈指数增加,较高的水温使微生物代谢速率提高,使得反硝化细菌代谢 NO_3^--N 的速度加快(Messer,Brezonik,1983;Richardson et al,2004)。本研究中,12 月的水温仅为(6.3±0.5)℃,反硝化作用活性受到限制。因此,附植生物反硝化作用活性时间和空间的变化是水温、无机氮含量、附着物等因素综合调节的结果。

偏相关矩阵表明,在相同季节,附着物干重(DW)、附着物无灰干重(有机物,FADW)、附着物灰分重(AW)和水体中 NO_3^-、NO_2^-、NH_4^+、TN、TP 浓度与附植生物反硝化作用呈显著正相关(表 3-4)。相关分析之后,从 10 个变量中提取出 2 个主成分,第一主成分占总方差的 63.878%,说明它可以解释原来变量中 63.878%的信息,2 个主成分的累积贡献率为 83.044%,说明用 2 个主成分来表示原来 10 个变量,可以反映 83.044%,依 Kaiser 判断标准(0.7＜KMO＜0.8,一般;0.8＜KMO＜0.9,适合;0.9＜KMO,非常适合),0.8＜KMO＜0.9,适合做主成分分析。变量对哪个主成分起主要作用,由同一变量在各主成分中特征向量绝对值的大小决定。在

表 3-4　附植生物反硝化作用的影响因素的偏相关矩阵

影响因素	DNP	DW	FADW	AW	Chl-a	NO_3^-	NO_2^-	NH_4^+	TN	TP
DNP	1.000									
DW	0.380	1.000								
FADW	0.151	0.948**	1.000							
AW	0.374	0.992**	0.929**	1.000						
Chl-a	−0.186	0.264	0.476*	0.230	1.000					
NO_3^-	0.534**	0.908**	0.843**	0.891**	0.147	1.000				
NO_2^-	0.419*	0.231	0.105	0.262	−0.320	0.290	1.000			
NH_4^+	0.450	0.607**	0.512*	0.651**	−0.035	0.546**	0.514**	1.000		
TN	0.644**	0.567**	0.414	0.590**	−0.004	0.608**	0.688**	0.693**	1.000	
TP	0.412*	0.417*	0.315	0.445*	−0.110	0.412*	0.717**	0.832**	0.774**	1.000

注：1. DNP 为反硝化作用；DW 为附着物干重；FADW 为附着物无灰干重；AW 为附着物灰分重；Chl-a 为叶绿素 a；TN 为总氮；TP 为总磷。

2. ＊＊表示在置信度（双测）为 0.01 时，相关性是显著的；＊表示在置信度（双测）为 0.05 时，相关性是显著的。

第一主成分中，DW、FADW、AW 和 NO_3^- 4 个指标的绝对值较大，其中前三个是附着物指标，因此，可把第一主成分看成是附着物综合指标。在第二主成分中，NO_2^-、TN、TP、水温和附着物 Chl-a 的绝对值较大，说明这 5 个指标起主要作用，除 Chl-a 外，另外 4 个指标均为水质指标，因此可以把第二主成分看作是水质综合指标。表明附着物和水质是影响附着物生物膜反硝化作用的 2 个综合指标，可解释反硝化作用变化的 83.044％。

$$F_1 = 0.395x_1 + 0.370x_2 + 0.397x_3 + 0.084x_4 + 0.382x_5 +$$
$$0.195x_6 + 0.326x_7 + 0.311x_8 + 0.280x_9 - 0.278x_{10}$$

$$F_2 = -0.11068x_1 - 0.289x_2 - 0.134x_3 - 0.399x_4 - 0.123x_5 +$$
$$0.487x_6 + 0.261x_7 + 0.333x_8 + 0.413x_9 + 0.330x_{10}$$

式中，x_1 为 DW,g/m^2；x_2 为 FADW,g/m^2；x_3 为 AW,g/m^2；x_4 为 Chl-a,mg/m^2；x_5 为 NO_3^-,mg/L；x_6 为 NO_2^-,$\mu g/L$；x_7 为 NH_4^+,mg/L；x_8 为 TN,mg/L；x_9 为 TP,mg/L；x_{10} 为温度 T,℃。

影响太湖马来眼子菜附植生物反硝化作用速率的主要因素是附着物和水质，尤其是无机氮含量（表3-4）。附植生物厚度、DW、FADW可影响反硝化活性。但Cai等发现太湖贡湖湾和东太湖的马来眼子菜附着细菌的细胞数无显著差异（Cai et al，2013）。已有研究表明，太湖梅梁湾沉积物中氨氧化细菌及亚硝酸氧化细菌的数量均高于贡湖湾（岳冬梅等，2011），但胥口湾沉积物细菌多样性远高于梅梁湾，且群落结构有明显差异（Shao et al，2013）。而且，种植沉水植物伊乐藻（*Elodea nattalii*）、添加固定化氮循环细菌可促进梅梁湾沉积物的反硝化作用速率（赵琳等，2013；Wang et al，2013）。水体无机氮通过提供反硝化作用基质和影响反硝化功能菌活性而影响反硝化作用。Eriksson等研究发现，即使附植生物数量相似，处于高营养盐负荷中的沉水植物附植生物的反硝化能力要高于低营养盐状态的100倍（Eriksson，Weisner，1996）。Toet等认为污水处理厂出水湿地中伊乐藻附植生物的反硝化作用速率低于芦苇的，这种差异可能与伊乐藻的生长环境具较低的硝酸盐浓度有关。

Eriksson发现沉水植物篦齿眼子菜附植生物的反硝化作用仅出现在O_2浓度低的流水中，而静水中反硝化作用可以出现在O_2浓度接近饱和的水中（Eriksson，2001）。在沉水植物密集的水域，夜间植物群落内O_2浓度可降至3mg/L以下（Prahl et al，1991；Eriksson，Weisner，1997，1999），而且，夜间当密集的植物群落中O_2耗尽后，一些细菌可能将NO_3^-作为电子受体（Sand-Jensen et al，1985）。Jeppesen在水生植物丰富的河流中观测到O_2具显著的昼夜变化，白天有较高的硝化作用速率，夜间有较高的反硝化作用速率，他将此归功于密集的附植生物群落内氮转化的昼夜变化（Jeppesen，1978）。我们在密集黑藻（*Hydrilla verticillata*）种群中亦发现O_2、NH_4^+、NO_3^-和NO_2^-具明显的昼夜变化（毛丽娜等，2013）。由于本研究在微宇宙系统中进行，马来眼子菜的生物量已达16.25kg/m^2，远高于太湖马来眼子菜盖度最高的生物量（3.12±0.86）kg/m^2，反硝化作用开始前已进行12h黑暗培养，溶液中的O_2浓度已降至45.37μmol/L以下[（31.87±8.20）μmol/L]，因此，溶液中O_2浓度不影响附着物的反硝化作用。水流速亦可能是影响附植生物反硝化作用的重要因子（Eriksson，2001），今后应在此方面加强研究。

与对海洋、湖泊沉积物反硝化作用的深入研究（Trimmer et al，2013；Song et al，2013；VanZomeren et al，2013；Bastviken，Eriksson，2007；Christensen et al，1990；Nielsen et al，1990；Wang et al，2013）相比，虽然早在1983年Kurata就观察到在芦苇（*Phragmites australis*）和其他挺水植物茎上附植生物的反硝化作用，但并没有定量的数据。Eriksson 等（1996、1997、1999、2001）经多年对富营养化水体中篦齿眼子菜（*Potamogeton pectinatus*）附植生物反硝化作用进行研究，发现附植生物的反硝化作用相当可观，与沉积物的相当。Toet 等发现污水处理厂出水的湿地中芦苇和伊乐藻附植生物的反硝化作用速率显著高于沉积物的（Toet et al，2003）。因此，对富营养化水体中微界面附植生物的反硝化进行深入研究非常必要。

五、 附植生物反硝化在富营养化湖泊氮去除中的重要作用

本研究表明太湖马来眼子菜附植生物存在反硝化作用活性，与前人对淡水植物篦齿眼子菜、伊乐藻等附植生物反硝化作用的研究结果一致（Eriksson，Weisner，1996，1997，1999；Eriksson，2001；Toet et al，2003），我们测定的附植生物的反硝化作用速率为 $3.11 \sim 42.65 \mu mol/(m^2 \cdot h)$。低于污水处理厂出水湿地中芦苇（*Phragmites australis*）的反硝化作用速率$[65.77 \sim 180.05 \mu mol/(m^2 \cdot h)]$（Toet，2003），与伊乐藻$[0.74 \sim 37.94 \mu mol/(m^2 \cdot h)]$和静水中篦齿眼子菜$[14.28 \mu mol/(m^2 \cdot h)]$（Eriksson，2001）的接近。

为比较附植生物与沉积物反硝化作用的相对重要性，精确评价附植生物反硝化作用在湖泊反硝化脱氮中的地位，按单位湖泊面积计算反硝化作用速率（以10月16日的为例）（图3-6）。结果表明，除梅梁湾附植生物反硝化作用速率低于沉积物的外，贡湖湾和胥口湾附植生物和沉积物的反硝化作用速率无显著差异（图3-6），附植生物的反硝化作用可与沉积物的相当。附植生物反硝化作用速率为 $33.35 \sim 40.12 \mu mol/(m^2 \cdot h)$（湖泊单位面积），在 Eriksson 等（1997）对篦齿眼子菜的研究结果范围之内$[7.5 \sim 250 \mu mol/(m^2 \cdot h)$（水库单位面积）$]$，在3个地点表现为梅梁湾<贡湖湾<胥口湾，但没有显著差异，这可能主要是由马来眼子菜的生物量差

异造成的；沉积物的为 $31.98 \sim 64.33\mu mol/(m^2 \cdot h)$（湖泊单位面积），略高于徐徽等（2009）在梅梁湾的研究结果[$(16.34 \pm 22.74) \sim (46.36 \pm 13.26)\mu mol/(m^2 \cdot h)$]，但低于 Eriksson 等（1997）对废水库沉积物的研究结果[$167.86\mu mol/(m^2 \cdot h)$（水库单位面积）]（Eriksson，Weisner，1997），表现为梅梁湾＞贡湖湾＞胥口湾，且存在显著差异。

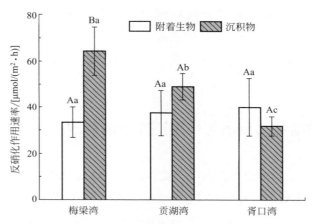

图 3-6　附植生物和沉积物的反硝化作用（单位湖泊面积）

（不同大写字母表示附植生物与沉积物差异，不同小写字母表示空间差异）

反硝化作用是水生生态系统中氮去除的主要途径，是将生物可利用硝酸盐通过形成 NO_2 和 NO 还原为 N_2 的微生物调节过程。由于 NO_3^- 和有机或无机电子供体扩散梯度较陡，自然环境中反硝化作用通常出现在很薄的基质层内。但由于研究方法和技术条件的限制，当前对较小空间尺度（$\mu m \sim mm$）基质中如生物膜反硝化过程的研究相对较少。附植生物反硝化作用可明显影响以植物为主的淡水环境的无机氮种类，进而影响这些生态系统的功能。Eriksson 等经多年对富营养化水体中沉水植物篦齿眼子菜附植生物反硝化作用的研究认为，附植生物的反硝化作用对养分丰富的淡水生态系统氮去除有重要作用（Eriksson，Weisner，1996，1997，1999），可与沉积物的相当。Toet 等亦认为水生植物附植生物反硝化作用是去除污水处理厂出水湿地硝酸盐的主要过程（Toet et al，2003）。本研究亦证明，在富营养化淡水湖泊太湖中，马来眼子菜附植生物的反硝化作用与沉积物具有同等重要的作用，因此，在水生植物存在期间附植生物反硝化作用在浅水淡水湖泊内部氮周转中的作用必须考虑。

附着细菌具有同化和转化养分的能力，可能对无机氮的数量和种类有重要的影响（Eriksson，Weisner，1997，1999），沉水植物可通过给硝化细菌和反硝化细菌提供附着表面促进 N 去除（Reddy，de Busk，1985；Eighmy，Bishop，1989；Körner，1997，1999）。因此，研究附植生物的反硝化能力一方面可为研究这些群落的结构和功能提供有用的信息（Eriksson，Weisner，1996），另一方面对淡水浅水生态系统中的养分转化和循环具有非常重要的生态效应（Wetzel，1979；Eriksson，Weisner，1996；Eriksson，2001）。

六、 对附植生物反硝化作用测定方法的改进

到目前为止，对附植生物反硝化作用的定量研究仍多以乙炔抑制法产生的 N_2O 作为观测指标（Eriksson，Weisner，1996，1997，1999；Toet et al，2003）。虽然[15]N 同位素配对法测反硝化产生的 N_2 在沉积物中得到广泛应用（Dalsgaard et al，2012；Trimmer，Nicholls，2009；徐徽等，2009；张波等，2012；Castine et al，2012；Zhong et al，2010），但对沉水植物附植生物反硝化作用的研究仅见 Eriksson（2001）的文献报道。结合微电极技术、[15]N 同位素技术和新的分子方法（如 PCR）来测定水环境中的反硝化作用的研究还未完全展开（Hbothe et al，2000）。用膜接口质谱仪（membrane inlet mass spectrometer，MIMS）测定自然环境中的反硝化作用由 Degn 等（1985）提出，Kana 等（1994）使用膜接口质谱仪（membrane inlet mass spectrometer，MIMS）快速高精度测定水样中溶解性 N_2。An 等（2001）首次利用[15]N 同位素配对结合膜接口质谱仪测定海洋沉积物的反硝化作用产生的 N_2。近年来，利用[15]N 同位素配对结合膜接口质谱仪测沉积物反硝化产生的 N_2 的研究逐渐增多（徐徽等，2009；张波等，2012；唐陈杰等，2014），但据笔者所知，目前还没有利用[15]N 同位素配对结合膜接口质谱仪测定附植生物反硝化作用的研究。同位素配对技术由 Nielsen（1992）提出，通过往上覆水中添加 $^{15}NO_3^-$ 后监测不同同位素构成（$^{29}N_2$、$^{30}N_2$）的 N_2 变化来估计反硝化作用，避免

了$^{28}N_2$的测定，降低了污染的可能性。模拟模型和相关研究表明，添加$^{15}NO_3^-$后，$^{15}NO_3^-$浓度在$10\sim400\mu mol/L$范围内对沉积物原位反硝化作用速率的影响较小，可以忽略（Middelburg et al，1996；Lohse et al，1996；徐徽等，2009）。因此，添加$^{15}NO_3^-$方法获取的反硝化作用结果能比较真实地反映原位反硝化作用，同时还能获取不同反硝化过程的信息，有助于理解不同反硝化过程对富营养化湖泊氮周转过程的贡献。

膜接口质谱仪技术一直应用于许多分析化学实践中，但近年来逐渐在自然系统中被作为一种有用的工具进行反硝化作用测定（McCarthy，Gardner，2003；Inglett et al，2013；Wu et al，2013）。膜接口质谱仪的一个最强大的特征是可以直接测定水样（Kana et al，1994；An et al，2001）。由于避免了溶解性气体脱出（dissolved-gas-stripping）步骤，使气体测定结果更精确。而且它可以测定浑浊水样中的溶解性气体，避免了操作误差。膜接口质谱仪系统中测N_2同位素的功能与同位素配对技术有机结合可以测定反硝化作用的终产物N_2。简洁而迅速的测定程序可应用到沉积物培养的封闭系统中，本研究在借鉴前人研究的基础上成功拓展到封闭的沉水植物附植生物培养系统中。尽管 MIMS 以N_2：Ar 模式测定N_2含量的方法检查限为0.05%（Kana et al，1994），但由于水体中氮气（$^{28}N_2$）的自然背景（25℃纯水中$^{28}N_2$的饱和溶解度为$486.9\mu mol/L$，自然水体中为$300\sim500\mu mol/L$）（Eyre et al，2002）远高于反硝化培养体系中N_2含量的变化（小于$1\mu mol/L$）。因此，采用添加^{15}N稳定同位素标记的硝酸盐（$Na^{15}NO_3$）作为反硝化底物，可以更灵敏地对低本底的反硝化产物（$^{29}N_2$、$^{30}N_2$）进行测定（张波等，2012）。该项工作是第一次将膜接口质谱仪技术应用到附植生物反硝化作用测定中，结合同位素配对技术，具有优于其他方法测定附植生物反硝化作用的优点。

七、 小结

氮同位素配对结合膜接口质谱仪技术可间接精准地测定附植生物的反硝化作用速率。

富营养化湖泊太湖马来眼子菜附植生物存在反硝化作用，具有明显的季节和空间变化。附植生物反硝化作用可与沉积物的相当，在养分丰富的湖泊中反硝化脱氮具有重要作用。在水生植物存在期间，附植生物反硝化作用在湖泊氮预算和内部氮周转中的作用必须予以考虑。

第三节　富营养化水体中夏季附植生物
反硝化脱氮作用研究

在富营养化水体中，位于水下的植物茎叶表面常附着微藻、微生物、菌胶团、碎屑、颗粒物等多种物质，形成厚度不等的附植生物聚集体（于洪刚等，2016；董彬等，2013）。研究发现，这种植物表面的附植生物聚集体内部环境并不均一，存在富氧-微氧的复杂微环境（董彬等，2017；Sand Jesen，1985），且含有丰富的硝酸盐、有机质和微生物，这为反硝化作用的发生提供了重要场所和基质（Eriksson，Weisner，1999）。初步的研究发现，在养分丰富的水域，水生植物附植生物的反硝化作用比较可观，已接近甚至超过沉积物的（Toet et al，2003；Eriksson，2001）。反硝化作用是水体去除氮素的重要途径之一，因此，在夏季水生植物丰富且生物量比较大的季节，比较研究不同程度富营养化水体中附植生物的反硝化作用和不同种类水生植物附植生物的反硝化作用，探明附植生物反硝化对水生态系统反硝化脱氮的贡献，对利用生态学手段消减富营养化水体氮负荷具有重要的科学意义。

一、　材料和方法

1. 研究区和实验材料的选取

在前期野外调查的基础上，轻度富营养化水域选取临沂市 206 国道沂河大桥附近，中度富营养化水域选择临沂市祊河城区段角沂拦河坝南，富营养化水域选择临沂市武河湿地北段，重度富营养化水域选择祊河城区段沂龙湾大桥至金锣大桥段。上述水域在夏季均有沉水植物金鱼藻（$Cera$ $tophyllumdemersum$ L.）存在。

临沂市祊河城区段角沂拦河坝南侧在夏季沉水植物和挺水植物丰富，群落稳定。选择典型沉水植物金鱼藻、穗状狐尾藻（$Myriophyllum$ $spicatum$ L.）、苦草（$Vallisneria$ $natans$ $Hara$）和挺水植物芦苇（$Phragmites$ $australis$），比较分析不同种类附植生物的反硝化作用。

2017 年 6~8 月，每月中旬选择晴朗天气在上述不同富营养化程度的水体中采集沉水植物金鱼藻及其下表层沉积物、表层水。在祊河城区段角沂拦河坝南侧区域采集沉水植物金鱼藻、穗状狐尾藻、苦草和挺水植物芦苇及其下表层沉积物、表层水，带回实验室。用多参数水质测定仪现场测定水体溶解氧、pH 值、氧化还原电位（E_h）、水温、透明度、水深等水环境指标。

2. 样品培养与测定

取水生植物 10g 左右，装入气密性圆柱形微宇宙中，用橡胶塞封口，在原位温度下于黑暗中预培养 6h，使系统内的氧气降低到微量或耗尽。往预培养的植物样品柱中注入原位水，用铝箔包裹微宇宙后置于黑暗中，在原位温度下继续培养 18h。培养结束后滴加 2mL 氯化锌（0.5g/mL）溶液以终止微生物活性。混匀后取上清液，用质谱仪测定 N_2 含量，计算反硝化作用速率。培养结束后取出植物，洗脱附植生物后进行分析测定。水样的培养与测定方法同植物的。

将采回的每个点的沉积物样品混匀成泥浆。取已知体积的泥浆 10g，加入 10mL 脱气水，混匀，取 10mL 转移至气密性圆柱形微宇宙培养系统中，封口后在原位温度下预培养 18h，后续培养与测定方法同植物的。

为便于比较附植生物、沉积物和水体的反硝化作用，本研究按单位湿地面积计算反硝化作用速率。

沉积物、水质理化指标的测定采用《水和废水监测分析方法》（第四版）的方法。

二、　不同营养状态水体中附植生物的反硝化作用存在差异

水体营养状态对金鱼藻附植生物的反硝化作用有明显的影响。总的来

说，水体的富营养化程度越高，附植生物反硝化作用速率越大（图 3-7）。以富营养化水域武河湿地北段金鱼藻附植生物的反硝化作用最高，重度富营养化水域的次之，轻度富营养化水域 206 国道沂河大桥附近的最低，中度富营养化水域祊河城区段角沂拦河坝南的居中。重度富营养化水域金鱼藻附植生物的反硝化作用并不是最高，可能是由于该区域金鱼藻生物量相对较小。

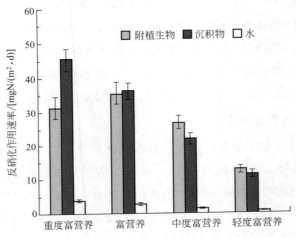

图 3-7 不同营养状态水体中附植生物反硝化作用

在重度富营养化水域，金鱼藻附植生物的反硝化速率低于沉积物的，为沉积物的 68.91% 左右，但远高于水体的（为水体的 8.67 倍）。在富营养化水域，金鱼藻附植生物的反硝化速率与沉积物的相当，远高于水体的（图 3-7）。而中度富营养化水域和轻度富营养化水域，金鱼藻附植生物的反硝化速率略高于沉积物的，远高于水体的，这可能与该区域金鱼藻比较密集、生物量较大而沉积物和水体营养盐尤其是硝酸盐浓度相对较低有关。

沉水植物附植生物的反硝化作用在水生态系统氮去除过程中占据着重要地位。沉水植物金鱼藻附植生物的反硝化脱氮作用贡献在重度富营养化、富营养化、中度富营养化和轻度富营养化水体中分别为 38.96%、47.53%、53.62%、51.70%，其中中度富营养化水体中金鱼藻附植生物反硝化贡献最高，重度富营养化的最低。沉积物反硝化作用贡献为 46%～

57%，水体的为 2%～4%。

三、 不同种类水生植物附植生物的反硝化作用存在差异

不同种类水生植物附植生物的反硝化作用存在明显差异（图 3-8）。芦苇的最高，穗状狐尾藻的仅次于芦苇的，再次是金鱼藻的，苦草的最低。这种种间差异主要与植物的形态和生理特征有关。芦苇为多年生湿生禾草，在水深 20～50cm 水流较缓的水域均可形成高大的芦苇群落，根状茎十分发达。芦苇强大的地下根茎系和密集的地上植株对污染水体有较强的净化作用。芦苇茎叶表面粗糙，位于水下部分的茎叶表面易附着微生物和水体颗粒物，为反硝化作用提供了巨大场所。沉水植物穗状狐尾藻为多年生草本植物，根状茎发达，可在水底沉积物中蔓延，节间部可生根，水下叶丝状全裂、无叶柄，这种羽毛状形态的叶比表面积大，为微生物和颗粒物提供了良好的附着表面，为反硝化提供了微环境。沉水植物金鱼藻为多年生草本植物，叶轮生，呈丝状条形，叶比表面积较大，附着物易于附着。苦草为多年生沉水草本植物，叶基生，条带形，叶表光滑，与狐尾藻和金鱼藻相比，附着物不易附着，因此，其反硝化作用最低。

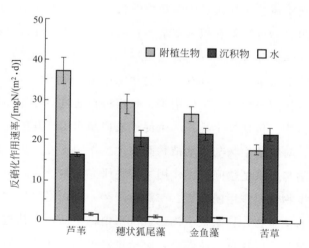

图 3-8　不同种类水生植物附植生物的反硝化作用

不同种类植物其附植生物的反硝化作用贡献存在差异。芦苇、穗状狐

尾藻、金鱼藻、苦草附植生物的反硝化作用贡献分别为 67.56%、57.29%、53.62%、44.12%，呈依次降低的趋势。沉积物反硝化作用的贡献为 29.68%～53.52%，水体的贡献最小（2.10%～2.76%）。由此可见，夏季附植生物的反硝化作用贡献较大，是水生态系统氮去除的重要环节，应加以重视。

沉水植物微界面的附植生物还具备许多生态环境效应。如微界面附植生物群落自身生长吸收大量的营养盐，把营养盐保持在附植生物体内，从而减少水体中营养盐的含量（Adey，1993；Dodds，2003；张强，刘正文，2010）；附植生物群落通过自身的光合作用和代谢活动改变水体的 pH 值、溶解氧（DO）、氧化还原电位（E_h）等理化条件，促进水体中营养盐的沉降，阻断营养盐从底泥或者其他附着基质的释放。附植生物群落能有效去除水体中的磷，主要是通过磷吸收和促进磷的沉淀、过滤水体中颗粒态的磷，附植生物群落减缓水流速度，这可以减少颗粒态磷随水流的传输（Dodds，2003）；附着藻类的光合作用可以稳定升高水体中的一个单位的 pH 值，促进 Ca-P 的沉淀，同时发生的还有碳酸盐-磷酸盐复合体的沉淀并使其长期埋藏；附着藻类积极进行光合作用，引起茎叶界面的 O_2 处于过饱和状态，促进金属磷酸盐的沉淀等；可以改变水体动力学过程，通过减缓水流速度加快水体颗粒物的沉淀，吸附颗粒物。此外，沉水植物微界面附着物可吸附和积累重金属和有机污染物，促进其在水环境中的生物地球化学循环（Arini et al，2012；Tang et al，2014）。

附植生物对水生植物还具有一定的化感作用。化感作用又称为他感作用、相生相克作用或生化干预作用等，是指植物通过向外界环境释放化合物，对其他植物（包括微生物）产生促进或抑制作用，其中抑制现象更为普遍。目前，对附植生物与沉水植物间的化感作用研究较少，国内尚未见关于附植生物与沉水植物间化感作用的相关研究，国外文献中已经有沉水植物对附植生物化感作用的报道。与浮游藻类一样，附植生物也是沉水植物化感物质的靶生物，且附植生物贴近沉水植物生活，由其造成的遮阴作用在某些情况下可以超过浮游藻类，附植生物可能是化感物质的潜在第一目标。Erhard 等发现伊乐藻和加拿大伊乐藻可以释放出抑制附植生物生长的化感物质。而另一方面，由于协同进化作用，普通的附植生物可能已经产生了抵抗沉水植物化感作用的能力。已有研究者测试了沉水植物对附植生物和浮游藻类的影响。结果发现，与浮游藻类相比，即使是那些跟浮游藻类种类很相近的附植生物也表现出对化感作用不敏感，甚至完全不受影响，浮游藻类对化感作用的抵抗力不仅普遍低于附植生物，而且其对沉水植物化感作用敏感的种类多于附植生物。沉水植物与附植生物间的化感作用仅局限在沉水植物对附植生物化感作用的研究，而附植生物对沉水植物化感作用的研究尚未见报道。

第四章　附植生物的影响因素

第一节　养分负荷对水生植物微界面附植生物的影响

　　近年来，湖泊富营养化问题受到了全世界湖沼及环境学专家的广泛关注。随着人类活动对湖泊生态系统影响的加剧，湖泊大型水生植物逐渐减少，甚至消失。在过去几十年里，世界许多地方都报道了大量沉水植物衰退的现象（Phillips et al，1978；Seddon et al，2000；Sand-Jensen et al，2000），这可能与富营养化水体中附植生物的迅速增加有关（Phillips et al，1978；Asaeda et al，2004），许多学者证明了附植生物对沉水植物的抑制作用（Sand-Jensen，et al，1984，1985，1989，2000；Asaeda et al，2004；秦伯强等，2006；宋玉芝等，2010）。然而，对沉水植物附植生物的研究较多地集中在附着藻类和附着细菌的群落构成上（Morin，Kimball，1983；Pip，Robinson，1984；Asaeda et al，2004；Rimes，Goulder，1986；Baker，Orr，1986），对附植生物的数量和附植生物其他成分尤其是无机成分的研究相对较少，而系统地研究不同程度富营养化水体对沉水植物茎叶微界面附植生物影响的文献还很少见。鉴于此，通过添加不同浓度氮、磷营养盐研究富营养化水体对沉水植物菹草（*Potamogeton crispus*）茎、叶微界面附植生物的影响，探讨附植生物对沉水植物菹草的影响机制，为富营养化浅水湖泊的治理和沉水植物的恢复提供理论依据。

一、 材料和方法

1. 实验设计

菹草石芽采自洪泽湖，预处理后，选取大小一致、出芽 1～2cm 的石芽供试验。试验容器为圆柱形高密度聚乙烯实验桶（$\phi = 59cm$，$H = 70cm$），桶底铺 10cm 左右的黄泥，加经暴晒 3d 后的自来水至距桶口 10cm 处，系统稳定 3 周后，每桶种植 40 株菹草石芽。通过添加营养盐模拟不同富营养化程度的湖泊水体，促进沉水植物茎叶表面附着物的形成。试验设 6 个氮、磷营养盐浓度梯度（表 4-1），每组 3 个平行。试验在玻璃温室内进行。菹草幼苗长至 20cm 左右时，调水体营养盐（添加 NH_4Cl、$NaNO_3$、KH_2PO_4）至设定浓度，每周测定水质，及时补充营养盐和因采样、蒸发损失的水分，维持水质稳定在设定浓度范围内。定期记录植物生长情况。在植株进入稳定生长期即成熟期（4 月中旬）时，测定植物生长指标、附着物指标、水质指标和微界面环境因子。

表 4-1　试验水体的营养盐浓度　　　　　　单位：mg/L

实验编号	NH_4^+-N	TN	TP
T1(空白对照)	—	—	—
T2	0.1	2.0	0.1
T3	0.2	3.0	0.2
T4	0.3	4.0	0.3
T5	0.4	5.0	0.4
T6	0.5	6.0	0.5

2. 菹草茎叶微界面附植生物的采集

分别在菹草快速生长期（3～4 月中旬）、成熟期（4 月中旬至 5 月上旬）和衰亡期（5 月中旬至 6 月上旬），用剪刀从每个实验桶的泥-水界面处随机剪下菹草 3 株，装入 500mL 聚乙烯瓶中（采样时力求避免搅动水体以减少植株上附植生物的损失），带回实验室 24h 内取出，用软毛刷和无菌水轻轻刷洗植株表面，用显微镜观察，确保附植生物完全刷下且茎叶表面未受损，刷洗液连同软毛刷冲洗液一并收集，将收集的样品定容至 500mL。

3. 附植生物现存量的测定

将微界面层附植生物溶液 200mL 通过 WhatmanGF/C 滤膜（孔径 0.45μm），用真空泵抽滤后，将带有附植生物的滤膜对折，放入坩埚中，在 105℃下烘 24h，称烘干重，然后放入马弗炉，在 550℃下燃烧 4h 后，称烧后重。燃烧损失的质量即为附植生物的现存量（stand crop），也可表示有机质含量。

4. 附着无机物质和附植生物总量的测定

附着无机物质的量为燃烧后重减去滤膜的质量，总附植生物的量则为烘干重减去滤膜重。由于菹草的叶面有褶皱，测定叶面积误差较大，本实验中采用单位菹草烘干重（DW）来表示附植生物现存量、附着无机物质和附植生物总量，单位为 mg/gDW。

5. 附植生物叶绿素 a 含量的测定

用丙酮提取法测附植生物叶绿素 a 含量（魏复盛，2002），具体方法如下。取附植生物溶液 200mL，通过 0.45μm 醋酸纤维滤膜抽滤，将载有附植生物的滤膜对折（有藻类的一面对折在里面）后，再用吸水纸包好滤纸，在冰箱－20℃下冷冻 16～24h。加入 10mL90％的丙酮于 50mL 离心管中，盖严拧紧离心管塞子，用力摇动离心管，使滤纸在丙酮溶液中完全破碎（最好融化），用黑布遮盖离心管，避光冷藏（4℃）保存 8h。经 8h 冷藏后，取出，再次用力摇匀，并离心，于 4000r/min 下低温离心 10min，轻轻地取上清液比色测定，注意小心操作，不能让沉淀的滤纸再悬浮。在分光光度计上，用 1cm 光程的比色皿，分别读取 750nm、663nm、645nm、630nm 波长的吸光度，并以 90％的丙酮做空白吸光度测定，对样品吸光度进行校正。比色时，注意 663nm 波长的吸光度应保证在 0.2～0.8 之间，750nm 波长的吸光度≤0.005。

6. 数据处理

采用 Microsoft Excel 和 SPSS17.0 进行数据处理。在统计分析前，对所有的数据先进行正态分布和方差齐性的假设检验。用单因素方差分析营养盐浓度对附植生物的影响、生长阶段对附植生物的影响，$P < 0.05$ 为差异性显著，$P < 0.01$ 为差异性极显著；用相关分析（pearson）分析营

养盐与附植生物、生长阶段与附植生物的相关性。

二、 水体养分负荷影响菹草微界面附着物数量

水体养分负荷对沉水植物菹草叶附着物有显著的促进作用［图 4-1（a）～（c）］。低浓度养分对植物生长有促进作用，高浓度养分促进附着物增长，进而抑制水生植物生长［图 4-1（d）～（f）］。随着氮、磷负荷的增大，附着物的 Chl-a 含量、附着物无灰干重（有机物，FADW）、附着物灰分重（AW）、附着物干重（DW）、附着物 TOC、附着物厚度和扩散边界层（DBL）厚度均呈依次增加趋势，氮、磷负荷最大 T6（TN 6mg/L，TP 0.5mg/L）时达到最大。T6 的附着物无灰干重、附着物灰分重、附着物干重、TOC 和附着物厚度分别是 T1 的 4.1 倍、8.53 倍、7.33 倍、1.64 倍和 2.85 倍，是 T3 的 2.18 倍、3.59 倍、3.27 倍、1.40 倍和 1.89 倍。这可能是因为较高的氮、磷负荷适宜菹草附着藻类和细菌的生长，能促进附着无机物的积累。各营养盐梯度间附着物差异显著（$P < 0.05$）。营养盐在一定程度上促进了菹草生长（TN 0～6mg/L，TP 0～0.3mg/L），菹草单株生物量、叶绿素含量和相对光合电子传递速率逐渐升高，T3（TN 3mg/L，TP 0.2mg/L）的达到最大，分别为 5.48g、2.75mg/g 和 27.5μmol/（$m^2 \cdot s$）；随着营养盐浓度继续增大，菹草生长逐渐受到抑制，T6 的菹草单株生物量、叶绿素含量和相对光合电子传递速率仅为 T3 的 69.9%、64.3% 和 66.5%。

三、 水体养分负荷影响菹草微界面 O_2 浓度分布

水体养分负荷对沉水植物菹草叶微界面 O_2 浓度分布有显著的影响（图 4-2）。随着养分负荷增高，叶表 O_2 浓度和微界面 O_2 浓度增加幅度增大，长势最好的 T3 处理的叶表 O_2 浓度最高，微界面 O_2 浓度增加幅度最大，T4 开始，叶表 O_2 浓度和微界面 O_2 浓度增加幅度随养分负荷的增加而减小，T6 的最小。这主要与菹草的生长状况和附着层的厚度有关。

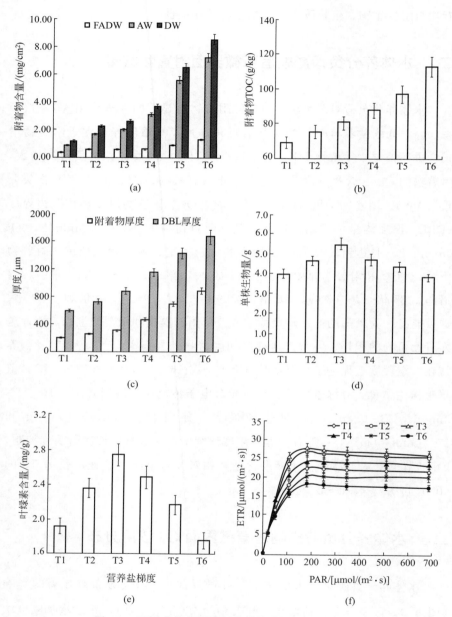

图 4-1　不同营养盐梯度下菹草附着物和植物特征

（FADW 为无灰干重；AW 为灰分重；DW 为干重；

PAR 为光合有效辐射；ETR 为光合电子传递速率）

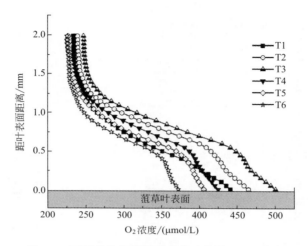

图 4-2 不同营养盐梯度下菹草叶微界面 O_2 浓度

四、 水体总氮总磷、负荷与附植生物的关系

本研究发现，氮磷负荷显著促进菹草附着物的附着有机物、附着无机物和附着物干重的增加。在菹草的不同生长阶段，附植生物叶绿素 a 含量、附植生物现存量、附着无机物质和附植生物总量与水体总氮极显著相关 （表 4-2）。附植生物叶绿素 a 含量、附植生物现存量、附着无机物质和附植生物总量与水体总磷在菹草不同生长阶段亦极显著相关 （表 4-3）。

Özkan 等 （2010） 在土耳其浅水湖泊中通过中试试验设计了 3 种硝酸盐负荷[(0.55±0.17)mg/L TN,(2.2±0.97)mg/L TN,(9.2±5.45)mg/L TN]和 2 种磷酸盐负荷[(55±19.2)μg/L TP,(73±22.9)μg/L TP]，亦发现平均附着物生物量随营养盐浓度的升高而增加，且在最高氮和最高磷浓度时达到峰值 （0.92mg Chl-a/gDW）；Luttenton 在北密歇根的道格拉斯湖通过人工调控营养盐，发现附着藻的生物体积与水体氮浓度显著相关 （Luttenton，2006）；而 Liboriussen 和 Jeppesen 通过对丹麦 13 个湖泊研究发现附着物平均生物量与水体 TP 浓度相关，在 60~200μg/L 达到峰值 （Liboriussen，Jeppesen，2006）；Chen 等通过室内模拟 3 种营养盐负荷 （TN 0.1mg/L, TP 0.01mg/L; TN 1mg/L, TP 0.1mg/L; TN 10mg/L,

表 4-2　沉草生长周期内总氮与附植生物各组分的相关系数矩阵

项目指标	氮浓度	快速生长期 Chl-a	稳定期 Chl-a	衰亡期 Chl-a	快速生长期 SC	稳定期 SC	衰亡期 SC	快速生长期 IM	稳定期 IM	衰亡期 IM	快速生长期 TP	稳定期 TP	衰亡期 TP
氮浓度	1.000												
快速生长期 Chl-a	0.975**	1.000											
稳定期 Chl-a	0.975**	0.998**	1.000										
衰亡期 Chl-a	0.975**	0.993**	0.991**	1.000									
快速生长期 SC	0.880**	0.800**	0.788**	0.827**	1.000								
稳定期 SC	0.876**	0.802**	0.788**	0.830**	0.997**	1.000							
衰亡期 SC	0.927**	0.864**	0.854**	0.894**	0.975**	0.976**	1.000						
快速生长期 IM	0.943**	0.873**	0.871**	0.896**	0.941**	0.937**	0.976**	1.000					
稳定期 IM	0.953**	0.887**	0.884**	0.910**	0.940**	0.938**	0.980**	0.993**	1.000				
衰亡期 IM	0.973**	0.939**	0.932**	0.959**	0.937**	0.938**	0.982**	0.973**	0.980**	1.000			
快速生长期 TP	0.951**	0.885**	0.880**	0.909**	0.952**	0.950**	0.985**	0.992**	0.999**	0.982**	1.000		
稳定期 TP	0.951**	0.883**	0.879**	0.907**	0.951**	0.949**	0.985**	0.993**	0.999**	0.981**	0.999**	1.000	
衰亡期 TP	0.966**	0.926**	0.919**	0.949**	0.947**	0.949**	0.989**	0.976**	0.983**	0.999**	0.986**	0.985**	1.000

注：1. ** 表示在 0.01 水平（双侧）上显著相关。

2. SC 为附植生物现存量 (standing crop)；IM 为附着无机物质 (inorganic matter)；TP 为附植生物总量 (total periphyton)。

表 4-3　沉草生长周期内总磷与附植生物各组分的相关系数矩阵

项目指标	磷浓度	快速生长期 Chl-a	稳定期 Chl-a	衰亡期 Chl-a	快速生长期 SC	稳定期 SC	衰亡期 SC	快速生长期 IM	稳定期 IM	衰亡期 IM	快速生长期 TP	稳定期 TP	衰亡期 TP
磷浓度	1.000												
快速生长期 Chl-a	0.958**	1.000											
稳定期 Chl-a	0.959**	0.998**	1.000										
衰亡期 Chl-a	0.961**	0.993**	0.991**	1.000									
快速生长期 SC	0.842**	0.800**	0.788**	0.827**	1.000								
稳定期 SC	0.841**	0.802**	0.788**	0.830**	0.997**	1.000							
衰亡期 SC	0.908**	0.864**	0.854**	0.894**	0.975**	0.976**	1.000						
快速生长期 IM	0.930**	0.873**	0.871**	0.896**	0.941**	0.937**	0.976**	1.000					
稳定期 IM	0.941**	0.887**	0.884**	0.910**	0.940**	0.938**	0.980**	0.993**	1.000				
衰亡期 IM	0.954**	0.939**	0.932**	0.959**	0.937**	0.938**	0.982**	0.973**	0.980**	1.000			
快速生长期 TP	0.937**	0.885**	0.880**	0.909**	0.952**	0.950**	0.985**	0.992**	0.999**	0.982**	1.000		
稳定期 TP	0.937**	0.883**	0.879**	0.907**	0.951**	0.949**	0.985**	0.993**	0.999**	0.981**	0.999**	1.000	
衰亡期 TP	0.947**	0.926**	0.919**	0.949**	0.947**	0.949**	0.989**	0.976**	0.983**	0.999**	0.986**	0.985**	1.000

注：1. ＊＊表示在 0.01 水平（双侧）上显著相关。

2. SC 为附植生物现存量（standing crop）；IM 为附着无机物质（inorganic matter）；TP 为附植生物总量（total periphyton）。

TP1.0mg/L），亦发现营养盐负荷增高促使菹草附着藻大量繁殖（Chen et al，2007），与本研究结果一致，即随氮、磷负荷增加附着物 Chl-a 逐渐升高。野外的研究结果亦表明自然状态菹草附着物与营养盐存在正相关关系（魏宏农等，2013；张亚娟等，2014）。但黄瑾等（2010）发现在中低营养盐浓度（TN＝0.4～2.5mg/L）下，苦草促进附着藻类的生长，而在较高营养盐浓度（TN＝4.5～6.5mg/L）下，苦草能显著降低附着藻类生物量，抑制附着藻类生长，且这种抑制作用随着营养盐浓度的增加而增强，在 TN＝6.5mg/L 的处理条件下，苦草对附着藻类的抑制率近 80%。有研究者推测，草型湖泊中的附植生物可能通过协同进化作用对沉水植物释放的化感物质产生了抵抗力，甚至还可能从宿主植物释放的化感物质中获益（Wium-Andersen et al，1983；Hilt，Gross，2008）。附着物是沉水植物茎叶微界面的重要组成部分，养分负荷引起的附着物的变化必然带来微界面结构的改变。

自然水体中的营养物质可以表现出多种形式，其中有利于附着物生长的磷主要为可溶性有效磷，附着物可利用的氮主要为可溶性无机态氮（如 NH_4^+-N、NO_3^--N 和 NO_2^--N 等）（董彬等，2013）。研究表明，适合附着物生长的最佳的 C∶N∶P（物质的量浓度比）为 119∶17∶1。如果 N∶P＜12 或 C∶N＞10，则附着物表现出 N 限制；如果 N∶P＞22 或 C∶P＞280，则附着物表现出 P 限制（Rodusky et al，2001）。本研究中，N∶P 为 12～20，有利于附着物的生长。在富营养化水体中，附着物可表现出过量吸收营养元素，其对水体中 PO_4^{3-} 的吸收速率可达 TP 的 2 倍以上（McCormick，Dell，1996），硝态氮和铵态氮浓度的升高导致丝状藻的大量繁殖（McCormick，Dell，1996；Irfanullah，Moss，2004），本研究也发现较高氮、磷负荷的处理中丝状藻较多。沉水植物叶片和水体的养分交换可能因密集的附着物受到抑制，进而影响沉水植物的生长。

养分在低浓度范围内促进了菹草的生长，高浓度抑制了菹草生长，这与苦草对营养盐的生理响应一致（宋玉芝等，2011）。低浓度氮、磷促进沉水植物生长，随营养水平升高，它们逐渐促进植物快速生长，最终抑制沉水植物生长，可导致沉水植被消失（Ozimek，Kowalezewski，1984；Pokorny et al，1990）。研究表明，沉水植物既能通过根系吸收来自于沉积物泥的营养物质，也能通过茎叶吸收来自水体的营养成分，在高营养环境里水体和底泥均含有高浓度氮、磷时，植物将会通过这 2 种途径过量吸收氮、磷，导致沉水植物内在生理受到损害，表现出生长抑制现象，这可能是湖泊富营养化过程中沉水植被衰退的重要原因（郭洪涛等，2008）。微界面基质的变化间接影响了微界面的结构及 DBL 厚度。因此，水体养分负荷可通过影响菹草生长和附着物从而影响微界面结构。

五、 讨论

目前，对沉水植物生长影响因子的研究已经非常深入，如营养盐（Cao，Ni，2004）、底质（张俊，2014）、光照（Asaeda et al，2004；吴明丽，李叙勇，2012；邹丽莎等，2013；曹加杰等，2014）、水温（陈梦健，杨再福，2012）、悬浮物（张兰芳等，2006）、水深（吴晓东等，2011；吴晓东等，2012）、水流（Koch，1994；Chambers et al，1991）、重金属（易冕等，2013）等。但是，目前对影响植物微界面结构的环境因子的研究还比较少见，仅见 Fang 等研究了光照、水温和 pH 值对蓝藻颗粒微界面 O_2 浓度、pH 值和 ORP（Fang et al，2013）的影响，以及光照对菹草（Sand-Jensen，1985；Sand-Jensen，Revsbech，1987）和墨角藻（*Fucus vesiculosus*）的影响。

湖泊富营养化已成为影响全球水质量的重要问题之一。这种现象经常伴随着沉水植物微界面附着物增多和水生植物衰退。养分的过量输入常导致水体透明度降低，颗粒物增多，聚集的颗粒逐渐下沉，从而沉积物不断增厚、变软，在风浪的作用下很容易引起底泥再悬浮，加速了水体的富营养化。同时，水体透明度的下降伴随着到达沉水植物的光衰减，影响沉水植物的生长发育，促进了微界面附着物的附着。水体营养盐负荷促进了菹草附着物的附着与积累，同时也促进了浮游生物的增殖，引起水体透明度下降，这可能是影响沉水植物生长的原因之一。水体中较高的 N、P 浓度对沉水植物来说，与盐胁迫、环境污染物胁迫一样亦是一种逆境胁迫，影响其正常生理活动，可能是富营养化过程中影响沉水植物退化的主要机制之一（王华等，2008）。但 Bekliolu 和 Moss 通过对英国浅水湖泊 Little

Meer 的水质变化研究发现，沉水植物对水体营养盐浓度具有较宽的耐受范围，并能有效降低水体污染负荷（Bekliolu，Moss，1996）。在富营养化较为严重的水体中，附植生物严重阻抑了沉水植物对光的吸收利用，光下产生高浓度 O_2 和低浓度 CO_2，黑暗中形成缺氧环境，制约了沉水植物的生长发育（Sand-Jensen et al，2000；Asaeda et al，2004；Liboriussen，Jeppesen，2006），导致沉水植物衰退甚至消失。因此，在浅水富营养化湖泊生态修复过程中，首先应降低水体营养盐和增加水体透明度（增加植物对光的吸收），然后引进适应性强的先锋水生植物物种，逐步构建以水生高等植物为优势群落的水生生态系统，从而实现湖泊生态系统的健康稳定。

由于本实验属于中试规模，试验系统对营养盐添加的缓冲能力有限，因此，不同的营养盐条件下，菹草生长及附着物间的差异比较明显，是影响微界面结构的重要环境因子。高浓度营养盐作为推进水体富营养化进程的重要因子，研究其对沉水植物微界面结构的影响对了解沉水植物微界面生态调控功能具有重要意义。

六、 小结

① 水体氮、磷负荷对菹草微界面附植生物叶绿素 a 含量、附植生物现存量、附着无机物、附植生物总量、微界面氧浓度、微界面厚度有显著影响（$P < 0.05$），随着水体氮、磷负荷的升高，附植生物上述指标的含量逐渐增加。

② 菹草生长阶段对微界面附植生物叶绿素 a 含量、附植生物现存量、附着无机物和附植生物总量均有显著影响，在快速生长期、稳定期和衰亡期存在显著差异（$P < 0.05$），衰亡期最高，快速生长期最低，均表现为衰亡期＞稳定期＞快速生长期，且在各营养盐梯度下均存在这一趋势。

③ 水体营养盐负荷是影响沉水植物微界面结构的主要环境因子。水体营养盐负荷通过影响附着物组成、数量和植物生长从而影响微界面结构和厚度。

第二节 底质对苦草微界面附植生物结构的影响

　　沉水植物是浅层湖泊、河流的主要生物类群，在水和沉积物界面周围占据了重要的生态空间，对湖泊、河流生态系统的物质、能量循环和传递起着重要的调控作用。沉水植物多样性的恢复是水域生态系统健康稳定的重要标志之一。沉水植物的生长状态与底质有紧密的联系，底质除了具有固持作用以外，还可以为沉水植物提供各类营养元素以及微量元素，不同底质的物理、化学、微生物性质有所差异，对沉水植物生根、繁殖与生长也会产生不同程度的影响（Barko，1991）。近年来，在河湖的水利改造工程和生态环境修复工程中经常对底质进行清淤以及添加外源基质以达到工程要求，而这些措施极大地改变了底质的结构和组成；同时，水土流失的加剧使得岸边土壤大量地进入水体并沉降，导致不同区域底质特性差异较大，而不同特性的底质对沉水植物能否恢复产生决定性的影响。

　　底质是沉水植物和水体养分的直接来源之一（Barko et al，1991；Anand et al，2013），不同的底质其物理、生化性质存在差异，对沉水植物生长会产生不同程度的影响（Xie et al，2005）。近年来，部分学者针对底质对沉水植物生长的影响开展了一些比较性研究。陈开宁等（2006）通过测定植被的生理生化指标，发现沉水植物在湖泥中生长状况好于生土和砂石；李宽意（2009）研究了湖心底泥和岸边底泥对伊乐藻和苦草生长的影响，结果表明前者比后者能够更好地促进伊乐藻生长，而两者对苦草的生长影响不显著；李文朝（1996）选择粗砂、黄泥、湖泊底泥和池塘底泥4种底质，研究发现伊乐藻在池塘底泥上的生物量和成活率高于其他3种底质。

　　上述研究均侧重于底质对沉水植物生长的影响，而底质对沉水植物附植生物的影响及微界面结构的研究尚未见报道。因此，为全面理解沉水植物微界面结构的变化规律及其对主要环境因子的响应，本节选择湖泥和黏土两种较为常见的土质，以不同的比例掺混作为实验底质的基本组成成分，研究了底质对沉水植物微界面附着物和植物生长的影响，探讨了主要环境因子对沉水植物微界面结构的影响。

一、 材料和方法

1. 实验设计

将湖泥与黏土（经 3 周的浸水处理后使用）（表 4-4）按 0（S1）、25％（S2）、50％（S3）、75％（S4）、100％（S5）（体积分数）进行混合。湖泥采自太湖沉水植物丰富的胥口湾（120.354°E，31.126°N）表层 20cm，黏土采自南京市东郊的采月湖岸边（118.908°E，32.109°N）。实验植物为苦草，将株高 20cm 左右的健康幼苗 10 株（玻璃温室内自己育苗）种植在铺有 10cm 底泥的圆柱形高密度聚乙烯烧杯（直径 16.4cm、高 26.3cm）中，每个烧杯中种植 10 株苦草，每桶放置 3 个烧杯，将烧杯放入圆柱形高密度聚乙烯实验桶（直径 59cm、高 70cm）内，沿桶壁加暴晒 3d 的自来水至 40cm，待苦草生长稳定后（21d 左右）将聚乙烯实验桶加满水。定期记录植物的生长情况。在苦草生长 90d 后，测定植物生长指标、附着物指标、水质指标和微界面环境因子。

表 4-4　供试基质有机质、总氮和总磷含量　　　　单位：g/kg

基质	有机质（OM）	总氮（TN）	总磷（TP）
湖泥	10.946	1.317	0.618
黏土	0.287	0.624	0.420

2. 指标测定

（1）植物生长指标　植物单株生物量采用直接称重法测得；植物叶绿素含量采用标准方法测定；形态学指标直接测量得到。

（2）沉积物指标和水质指标　沉积物指标总氮（TN）、总磷（TP）、有机质（OM）、水质指标和水环境因子采用标准方法测定（魏复盛，2002）。

（3）微界面指标　微界面附着物的采集和附着物干重（DW）、附着物无灰干重（FADW）、附着物灰分重（AW）、附着物叶绿素 a 含量（Chl-a）、附着物厚度、DBL 厚度的具体测定方法采用董彬等（2013）和 Dong 等（Dong et al，2014）的方法。

3. 数据处理

采用 SPSS17.0 进行数据统计分析。统计分析前，对所有的数据先进行正态分布和方差齐性的假设检验。用单因素方差分析（ANOVA）检验营养盐负荷、底质、光照和生境下沉水植物单株生物量、叶绿素含量、附着物干重（DW）、附着物无灰干重（FADW）、附着物灰分重（AW）、附着物叶绿素 a 含量（Chl-a）、附着物厚度、TOC、微界面 DBL 厚度的差异，如差异显著，进一步通过 TukeyHSD 用单因素方差分析检验（$P <$ 0.01）。

二、　底质影响苦草微界面附植生物

底质条件对苦草微界面附着物和苦草生长有明显的促进作用（图 4-3）。随着湖泥比例的增大，苦草微界面附着物明显增多，附着物无灰干重、附着物灰分重、附着物干重、附着物 TOC、附着物厚度和 DBL 厚度均显著增加[图 4-3(a)～(c)]，S5（全部为湖泥）的最高，S1（全部为黏土）的最低。S5 苦草附着物无灰干重、附着物灰分重、附着物干重、附着物 TOC、附着物厚度和 DBL 厚度的分别为 S1（全部为黏土）的 3.55 倍、3.32 倍、3.37 倍、2.55 倍、3.37 倍和 5.62 倍；分别为 S3（湖泥 50%，黏土 50%）的 1.77 倍、1.81 倍、1.80 倍、1.43 倍、1.8 倍和 1.98 倍。这可能是由于养分和有机质丰富的湖泊沉积物向水体释放养分，有利于苦草附着物的积累。同时，随着湖泥比例的增大，苦草生长得到促进[图 4-3(d)～(f)]，苦草株高、单株生物量和叶绿素含量均显著增加，S5 苦草的最大，叶片呈深绿色，S1 苦草的最小，叶片呈浅黄色。S5 苦草的株高、单株生物量和叶绿素含量分别为 S1 的 2.4 倍、3.47 倍和 1.57 倍，为 S3 的 1.31 倍、1.62 倍和 1.2 倍。

在氮、磷养分胁迫条件下，植物能够通过自身调节做出形态和生理上

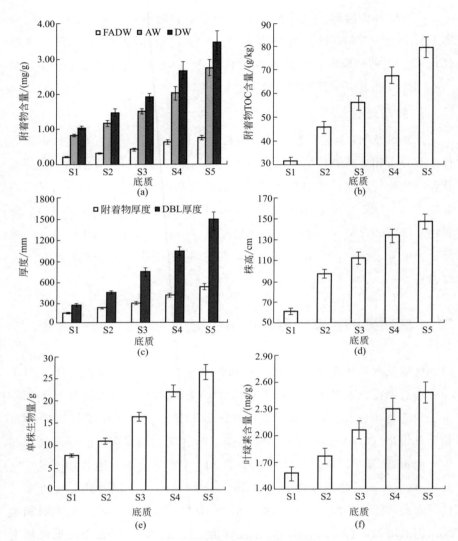

图 4-3　不同底质中苦草及其附着物特征

的适应性反应，以提高其在胁迫条件下的生存概率，其中一个重要度量就是生物量变化。研究发现，在氮素营养缺乏的土壤环境中，增加氮素会促进植物生物量增加，但当氮素供应过量时则会抑制其生长（翟水晶等，2008；楚建周等，2006）。苦草（*Vallisneria natans*）是浅水湖泊河流中广布的沉水植物种类之一，对水体理化状况有较宽的耐受范围，生长在贫营养到富营养的各类水体中，生态适应性广，吸附污物能力强，是减少水体污染、缓解水体富营养化的重要植物种类（吴振斌等，2001，2003；谢贻发等，2007）。本研究中，从贫营养的黏土至营养丰富的湖泊沉积物，养分含量逐渐增加，但由于未出现养分含量过高的情况，因此，未对苦草生长造成胁迫，能促进苦草的生长。这与谢贻发等（2007）对不同底质（砂土、黏土、湖泥和河泥）条件下苦草的形态特征、生物量积累的研究结果一致。在营养盐较丰富的湖泥中，苦草的生物量、分株数量、匍匐茎总长度、根系直径和叶绿素含量等指标显著大于黏土和砂土，也显著大于营养盐和有机质含量更高的河泥。因此，底质条件对苦草的生长有较大的影响，在一定程度上能够适应肥沃的底质条件，亦与雷泽湘等（2006）、陈开宁等（2006）和李宽意等（2008）对苦草的研究结果一致，但与张俊（2014）对野外苦草对底质的生理响应的研究结果有差异，这可能是由于野外影响因素比较复杂。氮、磷是植物生长的必需元素，适当增加底质氮、磷量可以促进植物的发育和活性的增加（楚建周等，2006）。底质有机质对沉水植物的影响可能比较复杂。Barko 等（1998）通过实验研究发现，在贫营养底质中加入少量有机质可以刺激植物生长，而在质地较好的无机底质中加入有机质却能明显地抑制沉水植物的生长。本研究分析，在苦草生长过程中，底质中有机物可能是通过逐步矿化释放出 N 和 P，对苦草生长有利。

三、 底质影响苦草微界面结构

底质对苦草叶微界面 O_2 浓度和分布有显著的影响（图 4-4）。随着湖泥比例的增加，苦草微界面 O_2 浓度梯度逐渐增大，S5（全部为湖泥）中苦草叶微界面 O_2 浓度最大，增加幅度也最大，S1（全部为黏土）的最小。附植生物的增加并没有改变这种趋势。

四、 讨论

在沉水植物恢复的限制因子中，水体底质的作用越来越受到关注（Barko et al，1991；Xie et al，2005）。沉水植物在底质上生根、固定为

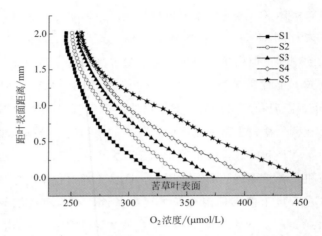

图 4-4　不同底质中苦草叶微界面 O_2 浓度

植株的稳定生长和繁殖提供基本保障。沉水植物的根系不发达，叶片可吸收水中溶解性无机营养物质，因而，根系被普遍认为仅具有固着作用，营养吸收功能较弱。但也有研究表明，沉水植物的根系具有重要的吸收功能，可以为沉水植物提供 N、P、Fe、Mg 等营养元素以及微量元素（Rattray et al，1991；Anderson，Kalff，1988；Takamura et al，2003）。在进行浅水水体沉水植被恢复时，需要根据不同种类沉水植物适应底质的差异性来配置水生植物群落，而且，沉水植物在其不同生长阶段对不同特征底质的生态响应存在差异，在沉水植物管理过程中，一定要综合考虑沉水植物的自身生理特性与底质特征，选择合适的先锋物种。沉水植物种类繁多，需要对更多的植物适应底质状况做进一步研究，获得更多的基础参数，以满足水域生态恢复的要求。

底质是有机碎屑微生物降解和营养物质生物地球化学循环的主要场所，含有多种有机和无机营养物质。底质除了具有固着作用外，还可为沉水植物提供各种营养元素以及微量元素，是沉水植物养分的直接来源之一（Barko et al，1991；Anand et al，2013）。有关底质条件对苦草繁殖、生长和形态特征的影响研究较多（韩翠敏等，2014；郭洪涛等，2008；谢贻发等，2007；敬小军，袁新华，2006；雷泽湘等，2006；陈开宁等，2006），但不同底质对苦草微界面的研究还未见报道。本研究分析了底质对微界面结构的影响，主要通过两个途径：一是植物从不同底质（沉积物）中吸收的养分不同，造成了苦草生长状况如单株生物量和叶绿素含量的差异；二是底质中的部分养分释放到水体中，利于苦草叶片吸收和促进了附着藻类、细菌、悬浮物等的附着，从而造成了不同底质条件下苦草微界面结构的差异。但是，不同底质条件对苦草附着物影响的研究还非常之少，本研究表明底质条件对沉水植物苦草附着物积累有显著的影响，养分含量越丰富，附着物越多。底质通过影响苦草生长和附着物进而影响了苦草微界面结构。本研究初步研究了底质对苦草微界面结构的影响，今后应加强在更多底质类型条件下不同沉水植物不同生长阶段的微界面结构方面的研究。

关于底质对水生植物影响的研究，前人较多关注底质营养对水生植物生长及繁殖的影响（Xie，Yu，2011；Xie et al，2013），较少关注底质的其他因素对水生植物的影响。由于水生植物所处生境的特殊性（如缺氧、饱和水、气体在水体中扩散速度慢等），难以精确模拟不同的基质营养。受限于实验技术，也较难探索基质的其他因素（如水生微生物）对水生植物的影响，这也是未来研究中需要深入探索的一个问题。

考虑到多种环境因子的内在联系与相互作用，本研究开展的室内控制实验相对较多，实验结果可能不能有效地指导野外实践。在今后的研究中，应尽量考虑到多重因子对沉水植物微界面的综合作用，开展野外实验，从而更科学地反映沉水植物微界面与环境要素之间的相互关系，得到更符合实际的研究成果。因此，综合多种环境要素进行研究应当成为今后研究的重要方向。

第三节　光照对微界面附植生物结构的影响

光照是沉水植物生长的必需生态因子之一，它为植物进行光合作用提供能源，直接影响水生植物种子的萌发状况。有效光强是沉水植物生长最重要的限制因子。阳光入射角度、天气变化、水体的颜色、水深、水体的波浪、水体中的悬浮颗粒和沉水植物冠层生长的藻类等因素的作用使水下的光环境变化,导致水生境中的光线较弱;湖泊富营养化引起水体中营养过剩,附生植物过度生长也会产生遮光作用(Barko,Smart,1981),从而影响沉水植物的生存、生长、繁殖和分布(牛淑娜等,2011)。

光照不足可对沉水植物形态结构和生理特性造成不良影响,在浑浊生境下增加叶片叶绿素的含量、增加叶片叶绿体数目、增大体表面积,垂直生长加剧在水面形成植冠层以及形态可塑性变化和生理适应性变化(Barko,Smart,1981)。低光还可减少沉水植物的生物量以及降低植株的繁殖能力。在低光并有附植生物生长的条件下,沉水植物主枝上叶片的大小明显减小,厚度降低。沉水植物通过节间距的生长,使光合作用活跃的组织能更接近水面(许木启,黄玉瑶,1998)。弱光会影响植物对一些营养元素的吸收,进而影响植物同化物的产生,从而影响植物的生理代谢。低光照条件下,植株光合作用需要的 CO_2 主要由糖类(地上或地下部分的淀粉)的活化来提供,而地下部分的淀粉通常在低光照条件下也处于较低水平,因而不利于沉水植物进行光合作用(Ruiz,Romero,2003;Peralta et al,2002)。光照强度的减弱还会造成植株叶片氨基酸含量的增加、糖和酚类化合物的含量和叶绿素 a/b 含量降低,从而影响植株对光照的吸收(Ruberti et al,2012;Sultana et al,2010)。水下光强的急剧降低会给沉水植物带来一系列生理压力,包括植物生长率降低、体内含氮量升高或降低、根际区和土壤微生物中碳的分布受到限制等。水体透明度的减小限制了沉水植物分布,沉水植物只能分布在浅水区,从而导致沉水植物的总盖度、总生物量减少。一般认为,水底光照强度不足入射光的1%时,沉水植物就不能定居(许木启,黄玉瑶,1998)。因此,水体光线的减弱可能是沉水植物广泛消失的基本原因(Orth,Moore,1983;Short,Wyllie-Echeverria,1996;袁龙义等,2008)。

在淡水生态系统中,光照对附植生物也有明显的影响。光照也会随着进入附植生物内部的深度而削弱。很多研究者指出,光照的深度梯度强烈影响着附植生物的群落组成,大多是在自然环境下进行的,但在其他因素保持不变的情况下,控制水体的光照质量或数量很难(Hudon,Bourget,

1983；Marks，Lowe，1993）。附植生物随着深度梯度变化受光照调节而形成群落结构和功能上的差异。Hudon 和 Bourget（1983）发现附植生物的群落结构、外形和密度依赖于深度和光照强度。附植生物群落自身也可以强烈地减弱光照，能够极大地改变到达宿主植物的光照质量（Losee，Wetzel，1983；van Dijk，1993）。Hoagland 和 Peterson（1990）在一个大水库中通过改变基质的深度研究了附植生物群落，也发现附植生物群落的种类受深度影响，但是光照和干扰随着深度共同产生作用的机制仍然不清楚。Marks 和 Lowe（1993）在贫营养湖泊 Flathead 采用遮光布控制光照，但是并没有发现附植生物群落的明显变化。

前人有关光对沉水植物及附植生物影响的研究主要集中在光衰减方面，而且主要是较长时间段的研究，而对沉水植物及附植生物对光暗转换的即时响应关注较少，因而我们知之甚少。光照对沉水植物微界面的影响虽有零星报道（Sand-Jensen et al，1985；Sand-Jensen，Revsbech，1987；Spilling et al，2010），但还未系统地揭示从黑暗至光饱和点条件下微界面的连续变化过程。

20 世纪 80 年代开始的水体富营养化带来了悬浮颗粒物、浮游藻类和附植生物的遮光效应，不仅使沉水植物的丰富度和分布减少，而且其他水生生物优势种的分布也减少了。因此，为全面理解沉水植物及微界面附植生物对光变化的响应特征，本研究以长江中下游地区浅水湖泊中沉水植被的优势种苦草和世界广泛分布的沉水植物菹草为研究对象，深入研究光照强度的不同对沉水植物微界面附着物的影响。

一、　实验设计

1. 不同光照强度下微界面 O_2 浓度的分布

在沉水植物生长稳定期，选择叶表面具附植生物的新鲜完整的菹草和苦草植株进行实验。设置自黑暗至光饱和点以上一系列光强[0μmol 光子 /（$m^2 \cdot s$）、25μmol 光子 /（$m^2 \cdot s$）、100μmol 光子 /（$m^2 \cdot s$）、234μmol 光子 /（$m^2 \cdot s$）、500μmol 光子 /（$m^2 \cdot s$）、1000μmol 光子 /（$m^2 \cdot s$）、

1200μmol 光子 /（m^2·s）、1600μmol 光子 /（m^2·s）]，在每一光强下适应 1h 后，用微电极测定微界面稳态的 O$_2$ 浓度和扩散边界层（diffusive boundary layer，DBL）厚度，每种光强测 3 个平行。样品用 150W 的光纤卤素灯（BC-150；南京）照射，光照强度用照度计（Waltz）测定。

2. 光暗转换过程中微界面 O$_2$ 浓度和 pH 值的分布

在沉水植物生长稳定期，选择叶表面具附植生物的新鲜完整的菹草植株进行实验。设置暗-光-暗转换，每种处理间隔 60min，至信号平稳后转下一状态，用微电极测定微界面稳态的 O$_2$ 浓度和 pH 值。光照强度分别为 50μmol 光子 /（m^2·s）、100μmol 光子 /（m^2·s）、500μmol 光子 /（m^2·s）、1000μmol 光子 /（m^2·s），每种转换测 3 个平行。样品用 150W 的光纤卤素灯（BC-150；南京）照射，光照强度用照度计（Waltz）测定。

二、 光强对沉水植物微界面厚度和 O$_2$ 浓度的影响

光对沉水植物微界面厚度有明显的影响。除黑暗状态外，随着光照强度逐渐增加，菹草和苦草叶微界面 DBL 厚度逐渐增加（图 4-5）。随着光强的增加，沉水植物菹草和苦草对光强快速转换响应迅速，在叶微界面形成了较高动态的微环境，叶表 O$_2$ 浓度增大。黑暗状态下微界面厚度较 50μmol 光子 /（m^2·s）和 100μmol 光子 /（m^2·s）下的大，可能是由于夜间较长时间的暗适应造成水下叶表面处于缺氧或微氧状态。

光照强度对沉水植物叶微界面 O$_2$ 浓度和分布有显著的影响。随着光强的增加，叶微界面 O$_2$ 浓度梯度和增加幅度均显著增大（图 4-6、图 4-7）。沉水植物菹草和苦草对光强快速转换响应迅速，在叶微界面形成了较高动态的微环境。在黑暗条件下，由于不能进行光合作用只能进行呼吸作用，所以离叶面越近微界面 O$_2$ 浓度越低，呈显著下降趋势。在 25μmol 光子 /（m^2·s）光强下，可能是由于菹草叶表附着物较密，虽然已高于菹草光合补偿点[20μmol 光子 /（m^2·s）]，微界面 O$_2$ 浓度仍呈下降趋势；而苦草微界面 O$_2$ 浓度缓慢下降，可能是由于仍处于光补偿点[苦草光合补偿点为 9.4（夏季）~120（春季）μmol 光子 /（m^2·s）]之下和附着物综合

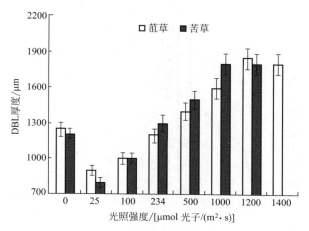

图 4-5 不同光照强度下沉水植物微界面 DBL 厚度

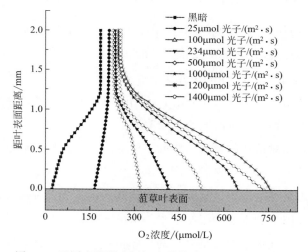

图 4-6 不同光照强度下沉水植物微界面 O_2 浓度梯度

作用。当光强增至 $100\mu mol$ 光子 /（$m^2 \cdot s$）后，沉水植物对光做出快速响应，微界面 O_2 浓度增加，可能是由于超过了光补偿点。随着光强的增加，植物叶微界面 O_2 浓度梯度显著增加，菹草 O_2 浓度微剖面在光强 $1200\mu mol$ 光子 /（$m^2 \cdot s$）下达到最大，苦草的则在 $1000\mu mol$ 光子 /（$m^2 \cdot s$）下达到最大，这可能是由植物种类和附着物数量的不同造成的。菹草光饱和点在 $1000\mu mol$ 光子 /（$m^2 \cdot s$）左右，但由于附着物的遮阴和屏障作用，光强 $1200\mu mol$ 光子 /（$m^2 \cdot s$）下并没有产生光抑制，而是

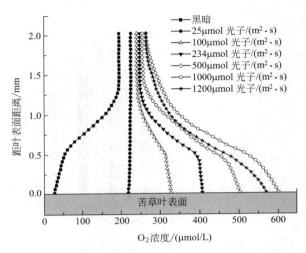

图 4-7 不同光照强度下沉水植物微界面 O_2 浓度梯度

O_2 浓度持续增加，至 $1400\mu mol$ 光子 / ($m^2 \cdot s$) 下出现光抑制现象。而苦草的光饱和点在 $550\mu mol$ 光子 / ($m^2 \cdot s$) 左右 [夏季 $200\mu mol$ 光子 / ($m^2 \cdot s$) 左右]，但在 $1000\mu mol$ 光子 / ($m^2 \cdot s$) 下 O_2 浓度梯度最大，亦没有产生光抑制，至 $1200\mu mol$ 光子 / ($m^2 \cdot s$) 出现了光抑制。这可能与苦草表面有附着物和测定时间为秋季有关。

另外，光照对植物的影响与距叶表面的距离存在密切联系。光距沉水植物叶表面越近，影响越显著（图 4-8）。

光合作用是沉水植物最重要的一项代谢活动，光照强度是沉水植物生长必需的环境因子和主要的限制因素。水下光照缺乏是沉水植物消亡的直接原因，但同时沉水植物又是典型的喜阴植物，光照过强，又会抑制其光合作用的进行（牛淑娜等，2011）。光照强度超过饱和光照强度后，随着光照强度增加光合速率明显下降，光合作用表现出强光抑制（photoinhibition）现象。但是，沉水植物叶表面附着物的存在削弱了光抑制，使植物能承受更高的光照强度。光照条件下，植物叶片和附着物中附着藻通过光合作用产生的 O_2 通过分子扩散进入扩散边界层（DBL）。在光饱和点之内，光强越大，O_2 释放量越大，O_2 浓度梯度波动越大，微界面（DBL）越厚。对暗适应的沉水植物叶表面的测定揭示了光启动后由于光合作用造成的 O_2 浓度迅速增加的现象。随着光强的增加，微界面 O_2 浓

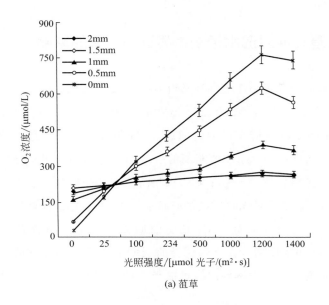

(a) 菹草

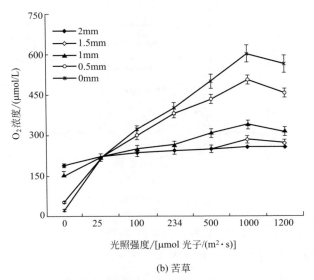

(b) 苦草

图 4-8　不同光照强度下距叶表面不同距离处 O_2 浓度

度增加，菹草和苦草微界面 O_2 浓度分别在 1200μmol 光子 /（$m^2 \cdot s$）和 1000μmol 光子 /（$m^2 \cdot s$）下达到最高水平。本研究中，植物对不同光强的这种快速响应（$30\sim60$min）表明微电极对研究沉水植物微界面的动态过程非常适用。

三、 光暗转换对沉水植物微界面 pH 值的影响

光暗转换可诱导 pH 值在菹草叶片表面发生变化（图 4-9）。在光照条件下，pH 值逐渐升高，20～25min 后达到稳定状态；关灯后，pH 值迅速降低，15～20min 降至最低；随后，pH 值缓慢增加并最后稳定（40～50min 后）在比周围水 pH 值略高的一个值。光对菹草叶表 pH 值的影响比较复杂。光暗转换诱导 pH 值曲线与所使用的光照强度有关，随着光照强度的增加，pH 值对光暗转换的响应强度增加，波动幅度增大。在最低光强[50μmol/(m² · s)]处，pH 值只有轻微的增加。随着光照强度的增加，pH 值增加幅度增大，光暗诱导曲线明显，缓慢增加的时间缩短，到最强光照时消失。这种诱导曲线可能与 HCO_3^- 的同化和 OH^- 释放有关。

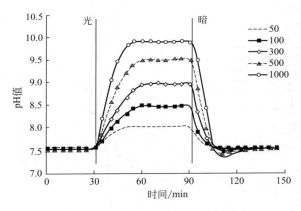

图 4-9 菹草微界面对光暗转换的响应

对菹草来说，光照条件下，pH 值升高主要是由于沉水植物利用 HCO_3^- 和 CO_2 作为光合作用的碳源，导致每同化 1mol CO_2 就会产生 1mol OH^-。细胞产生的 OH^- 随后释放到周围水体中。这些过程加上正常的 CO_2 固定提高了周围水体尤其是叶片附近的 pH 值。黑暗中 pH 值的降低主要是由呼吸造成的。Prins 等发现，光照条件下流入 HCO_3^- 和释放的 OH^- 存在空间上的分隔，沉水植物光叶眼子菜（*Potamogeton lucens*）叶片形态学下表面吸收 HCO_3^-，上表面释放 OH^-，形成极性叶片（Prins et al，1980）。光照条件下，上表面将变得更加显碱性而下表面将

被酸化。这种极性反应与植物利用碳酸盐作为进行光合作用的碳源的能力有关。下表面的酸化是由于活跃的质子流出，而上表面 OH^- 释放是个被动过程。极性反应通过改变叶下表面未扰动层碳酸氢盐-CO_2 平衡促进光合作用中碳酸氢盐的利用，因此，叶下表面未扰动层 CO_2 浓度增加，扩散进入到叶片的 CO_2 浓度增大。分泌的质子可能还驱动 H^+-HCO_3^- 的协同运输机制。为补偿损失的 H^+，上表面释放 OH^-。

四、 讨论

光照强度对沉水植物生长起着主要限制作用。一定的光照强度是沉水植物进行正常光合作用的重要前提。植物之间存在光照的相互竞争，对光照需求较低的植物更具有竞争优势。一般来说，金鱼藻和狐尾藻适宜在水体上层生长；菹草和黑藻常出现在中层水体；眼子菜属的植物一般生长在水体上层 $40\sim50cm$ 处，在此界面下光照衰减率达 95%；苦草适于生长在水体下层，仅 9% 的表面光照即可满足苦草幼苗的存活以及其芽和块茎的生长需要，在表面光照 $4\%\sim29\%$ 的光照条件下均能存活（Dennison et al，1993）。因此，狐尾藻和苦草通常是高浊度富营养化区域中的优势共生种。伊乐藻（*Elodea nuttalii*）的光饱和点为 $7.5\sim16.2\mu mol/$（$m^2 \cdot s$），在高浊度水体下层也能有效利用光能，这使得伊乐藻与其他物种相比，竞争优势明显。光照是沉水植物光合作用和叶片色素形成的关键影响因子。在水中，悬浮粒子、附生藻类等都会造成水中光照强度的降低，进而影响植物的光合作用。和陆生植物一样，沉水植物的光合作用也是先随光照强度的增大而增加，在到达光饱和点后则随着光照强度的增大不再变化（Noboru et al，2000；Miyuki et al，1987）。本研究初步揭示了沉水植物微界面在较短时间内（数小时）对不同光照强度的响应特征。今后应加强对不同光照强度下典型沉水植物微界面结构的长期（数周至数月）变化特征和机制的研究。

光和养分往往对附植生物表现出协同效应。Fanta 等（2010）通过野外和室内实验发现，附着藻类养分含量由光和供附着藻类生长的溶解性养分的平衡决定。附植生物磷含量强烈地受光和溶解性活性磷（DRP）梯度影响，磷含量随光的增加和水柱中磷的增加而降低。而且还发现，无论室内还是野外，DRP 对附植生物磷含量的影响比光的强，光的影响只有在室内河流中较低磷浓度时才明显。Hill 等（2011）研究发现增加光或磷的供应都能使附植生物初级生产力增加，使细菌生物量下降，使河流从异养型转为自养型。光和磷表现出协同效应，光促进大硅藻增加，这使其能将高浓度的养分更高效地转化为初级生产，磷增加使非黏性种类代替了扇形藻属（*Meridion circulare*），这种代替能在光合作用中更有效地利用光。

初步的实验表明，光对沉水植物微界面的影响显著。但由于不同类型的沉水植物的光学特性存在差异，建立常用水生植物的详细生理生态数据库，对生态修复工程具有重要的参考价值。同一沉水植物在不同生长阶段对光的需求不同，需要在不同时段开展定量的研究，还需考虑建立模型，进一步揭示沉水植物附植生物及环境因子变化的潜在机制。由于影响沉水植物的因素的复杂性，应考虑到多因子的内在联系与相互作用，开展相应的长期定位综合性研究。

第四节　生境对微界面附植生物结构的影响

水生植物的适应能力对高异质性湿地和水生生境的生物多样性维持与植被恢复起着重要的作用。水生植物生长和繁殖的必需资源（如光照、水分、可溶性无机碳和矿质元素等）及其所处的环境条件（如干扰、采食、污染、沉积物覆盖、沉积物有机质含量、沉积物含氧量、水位波动和地形等）在不同的水体中存在很大差异（黎磊等，2016；Xiao et al，2006）。生境会促使水生植物采取一定的形态可塑性对策，并且其表现形式多种多样（Santamaría，2002；黎磊等，2016）。水生植物在克隆生长方面表现出广泛的表型可塑性，其克隆生长习性、较强的局部扩散能力以及水生环境中小尺度内的时空异质性促进了表型可塑性的进化（Santamaría，2002）。目前，有关生境对水生植物的影响主要集中在形态和生理特征上，而对附植生物的影响还不清楚。

　　生境是综合了多种环境因子的环境因素，对沉水植物微界面的影响可能比较复杂，目前还较少涉及，对此我们还了解甚少。因此，为全面理解沉水植物微界面结构的变化规律及其对生境的响应，本书系统研究了生境对沉水植物微界面附着物和植物生长的影响。

一、 材料和方法

1. 实验设计

　　在菹草稳定生长期（2013 年 4 月中旬），分别自南京市玄武湖（118.79°E，32.08°N）、南京市东郊采月湖（118.907°E，32.109°N）、温室内人工湖和室内实验桶采集完整新鲜菹草 5～7 株，各生境水环境因子见表4-5。同时采集原位水 5L。带回实验室后，立即测定植物指标、附着物指标、水质指标和微界面环境因子指标。

表 4-5　实验区水环境因子指标

地点	水温 /℃	pH 值	DO /(mg/L)	TN /(mg/L)	NH_4^+-N /(mg/L)	总 TP /(mg/L)	透明度 /m	水深 /m	悬浮物 /(mg/L)
XL	22.7	8.5	8.36	1.18	0.22	0.11	0.4	1.3	30.57
CL	22.6	8.3	8.10	1.05	0.07	0.08	0.5	2.0	19.63
GL	22.9	7.9	7.80	0.88	0.04	0.05	0.6	2.0	14.31
EB	23.0	7.7	7.27	0.73	0.03	0.03	0.6	0.7	10.02

　　注：XL 代表玄武湖；CL 代表采月湖；GL 代表室内人工湖；EB 代表实验桶。

2. 指标测定

　　（1）植物生长指标　植物单株生物量采用直接称重法测定；植物叶绿素含量采用标准方法测定；形态学指标直接测量得到。

　　（2）沉积物指标和水质指标　沉积物指标总氮（TN）、总磷（TP）、有机质（OM）、水质指标和水环境因子采用标准方法测定（魏复盛，2002）。

（3）微界面指标　微界面附着物的采集和附着物干重（DW）、附着物无灰干重（FADW）、附着物灰分重（AW）、附着物叶绿素 a 含量（Chl-a）、附着物厚度、DBL 厚度的具体测定方法采用董彬等（2013）和 Dong 等（Dong et al，2014）的方法。

3. 数据处理

采用 SPSS17.0 进行数据统计分析。统计分析前，对所有的数据先进行正态分布和方差齐性的假设检验。用单因素方差分析（ANOVA）检验生境下沉水植物单株生物量、叶绿素含量、附着物干重（DW）、附着物无灰干重（FADW）、附着物灰分重（AW）、附着物叶绿素 a 含量（Chl-a）、附着物厚度、TOC、微界面 DBL 厚度的差异，如差异显著，进一步通过 Tukey HSD 用单因素方差分析检验（$P < 0.01$）。

二、 生境影响植物生长和附植生物积累

生境对菹草微界面附着物和菹草生长有明显的影响（图 4-10）。玄武湖、采月湖、室内人工湖和实验桶菹草附着物灰干重、附着物灰分重、附着物干重、附着物 TOC、附着物厚度、微界面 DBL 厚度存在显著差异 [图 4-10(a)~(c)]，以玄武湖的最大，采月湖的次之，实验桶的最小。玄武湖的分别为室内人工湖的 4.69 倍、2.27 倍、2.58 倍、2.18 倍、3.00 倍、2.59 倍，分别为实验桶的 12.20 倍、3.77 倍、4.50 倍、2.87 倍、5.14 倍、4.40 倍。玄武湖、采月湖、室内人工湖和实验桶菹草单株生物量、株高和叶片叶绿素含量亦存在显著差异 [图 4-10(d)~(f)]。玄武湖的最高，采月湖的次之，实验桶的最低。玄武湖菹草单株生物量、株高和叶片叶绿素含量分别为实验桶的 5.28 倍、2.07 倍和 1.48 倍。

生境对沉水植物的生长性状和表型可塑性有明显的影响。从植物个体生态学角度来说，植物体维持其生存主要依靠两个界面从环境中获取资源：一是叶片及其他光合构件对光合有效辐射进行捕获；二是根系及类根结构对底质矿质营养元素进行吸收（Grime，1994）。底质性质在一定程度上影响着沉水植物的功能性状。最为直观的影响表现在底质对附着于其中的根系的功能性状的影响。一般认为，底质矿质营养含量与根形态性状

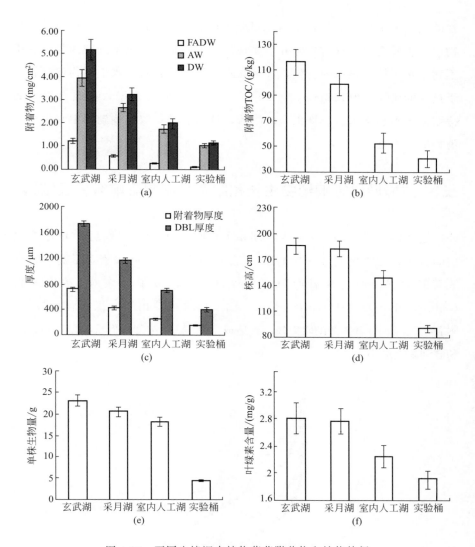

图 4-10　不同生境沉水植物菹草附着物和植物特征

如比根长、比根面积、根长、密度等呈现一定的负相关关系，这与植物在贫营养基质中加强对根系的投资理论相一致。一般认为，在矿质营养丰富的底质中生长的植物其潜在光合能力也较强，在适宜的光照条件下常表现出较快的生长速率，而在矿质营养贫瘠的底质中，植物往往生长缓慢，光合能力由于营养供给贫乏也较弱。从植物根系结构角度来看，在富营养底质中生长的植物的根系多形成叉状分支结构，而在贫营养底质中生长的植物的根系多呈现出非鱼骨结构，即形成较多的侧根，用于吸收有限的沉积物中的矿质营养。这与本研究中发现的现象一致。而过于细密的黏质底质不利于水生植物根系的着生，大多数水生植物尤其真性水生植物偏好着生于松软的淤泥中（Handley，Davy，2002）。有研究表明，基质有机质的持续输入不利于水生植物根系的附着，这可能是导致某些湖泊中水生植物消亡的因素之一。

三、 生境通过影响植物生长和附着物积累影响微界面结构

玄武湖、采月湖、室内人工湖和实验桶内的菹草叶微界面 O_2 浓度和空间分布存在明显差异（图 4-11）。玄武湖菹草由于叶绿素含量高，光合放氧能力强，加之其表面附着物厚度大，造成了叶表 O_2 浓度最高（580.23μmol/L）和波动幅度最大，而实验桶菹草由于叶绿素含量较低，附着物较薄，对氧扩散的阻力较小，造成了叶表 O_2 浓度最低（424.5μmol/L）和波动幅度最小。

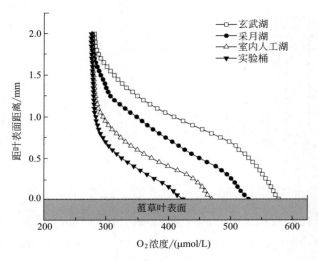

图 4-11　不同生境沉水植物菹草微界面 O_2 浓度分布

生境（habitat）是指生态学中环境的概念，指生物的个体、种群或群落生活地域的环境，包括必需的生存条件和其他对生物起作用的生态因素。生境是由生物和非生物因子综合形成的，而描述一个生物群落的生境

时通常只包括非生物的环境（尚玉昌，2010）。本研究中的"生境"指的是非生物水环境，主要包括水温、pH 值、DO、TN、TP、NH_4^+-N、透明度、水深和悬浮物等环境因子。营养盐、透明度和水深是影响菹草生长的主要因素，而悬浮物和营养盐是影响附着物的主要因素。玄武湖较高的营养盐含量、养分丰富的底质和较高的悬浮物含量可能是造成菹草单株生物量大和附着物密集的主要原因，而室内人工湖和实验桶则可能是由于水体营养盐含量较低、底质贫瘠和防尘罩的存在，造成了菹草单株生物量低和附着物少的现象。因此，生境对沉水植物微界面的影响是多种环境因素的综合影响，从而造成了同种植物在不同生境下的巨大差异。

水生态系统中生境的差异主要表现在以下几个方面。

① 水生环境中光照强度的差异。光照强度在垂直空间上随水深呈现递减的梯度变化，同时还受浮游生物丰富度、悬浮颗粒浓度和可溶性物质浓度等因素的影响。水平空间上的光环境在有些情况下也具有异质性，如在浮游植物、漂浮植物、浮叶植物、沉水植物和沉积物等分布不均匀的水环境中，光资源呈斑块状分布。

② 水生环境中温度存在空间差异，如在水生植物密集的浅水水域。群落内部水温通常具有垂直方向的变化梯度，群落由内向外亦有水平方向上的变化梯度。

③ 河流、湖泊沿岸带沉积物的颗粒组成和化学特征均具有空间异质性。

④ 水生环境中可溶性养分的形态和浓度一般会表现出季节性和日变化，在沉水植被斑块密集的浅水湖泊中，水环境因子和碳、氮、磷等元素的可利用性在水平空间上也常常存在显著差异，对水生环境的生物化学变化具有明显的决定性作用（Spencer et al，1994；王锦旗等，2013）。

⑤ 水流速度等方面的差异也会增加环境异质性。如在流速较大的环境中，处于水生植物群落边缘的植株受到水流的冲击比内部的要大（黎磊等，2016）。

生境对水生植物的影响使得大多数水生植物都具有较高的表型可塑性（黎磊等，2016）。水生植物可以通过克隆构型的变化来适应不同的资源水平，如凤眼莲的匍匐茎长度可随营养水平的升高而增加（You et al，

2014）；光异质生境中苦草的生物量和分株数高于光同质生境的；在水流的作用下，天山泽芹（*Berula erecta*）的匍匐茎变短形成更为密集的冠层（Puijalon，Bornette，2006）。在 Pb 污染环境中，刺苦草产生的子株的匍匐茎长度显著增加，逃离到无 Pb 生境的一级子株产生较多的次级分株，形成比较复杂的分枝状克隆构型（严雪，2003）。水生植物还可以通过调整克隆器官的形态或生物量分配来适应水位变化。随着水位的增加，沉水植物微齿眼子菜（*Potamogeton maackianus*）、马来眼子菜（*P. malaianus*）茎的生物量分配比例、株高增加，地下生物量分配比例减小（Fu et al，2012）；穗状狐尾藻（*Myriophyllum spicatum*）和绿粉狐尾藻（*M. aquaticum*）在水位上升的条件下分枝长度增加而分枝数相应减少（Strand，Weisner，2001；Hussner et al，2009）。深水中的芦苇根茎更短，在基质中埋深也更浅，从而缩短了 O_2 的运输距离（White，Ganf，2002）。研究表明，当水位上升时水生植物能够将光合作用产物向地上器官转移，使得茎干或叶片伸长，有利于增强对 O_2、CO_2 和光资源的利用，同时减少根部生物量从而减少呼吸消耗（Visser et al，2000）。这些形态和生物量分配的可塑性有利于植物更快地露出水面以增强其生存能力。因此，了解不同生境中水生植物微界面结构的差异及其机理，有助于我们更全面地认识水生植物适应不同生境的机制，这对水生植物的恢复或利用水生植物提高水环境质量具有重要意义。本章初步探讨了生境对沉水植物附植生物的影响，但具体的影响机制和过程有待进一步探讨。

第五章 附植生物的应用

第一节 附植生物的应用

附植生物在河流、湖泊、水塘、人工湿地、淡水养殖、景观水等淡水环境中广泛存在，可以说有水生植物的地方就有附植生物存在。附植生物虽然可对水生植物的生长发育产生不良影响，但更多的是对水环境的积极作用，我们应根据其固着生长和结构组成复杂的特性，充分利用其有用的方面，为改善和提高水环境质量服务。

一、 监测水质

附植生物是多种生物的集合体，具有比其他群落更为丰富的物种，可作为理想的水质监测材料。附着生物的生物量、多样性指数、生物学指数和种类构成以及附着藻类群落大小、结构均可作为水质指示器，因此可将附植生物作为长期生物监测计划的一部分。

附着硅藻在生物量、生物多样性以及群落结构等方面均能够很好地指示湖泊富营养化和监测水质。当附着硅藻群落发展成熟时，能够积极响应环境变化（如营养水平、气候等），同时能方便有效地监测环境和水质变化。附着硅藻的建群特征，一方面反映静水水体受污染时的状况，另一方面也反映了不同水体及不同水域的水质情况。因此，附着硅藻可用于江、河、湖、湿地等水体的水质监测。

附着硅藻作为指示生物的优点主要有以下几点。

① 生活环境固定，对于污染的危害不能躲避，只能容忍或者死亡。当水体理化条件改变时，生活在这些水体中的硅藻群体会产生相应的变化，可能更加繁盛，可能衰亡，也可能被新的硅藻群落所替代。

② 采取方便、生命周期短，细胞每天能够分裂 2 次以上，能快速反映环境的变化。

③ 对有机污染物更敏感，能够更准确地监测和预见水质。

④ 硅藻具硅质壳，易于保存，种类易鉴定，能应用于试验室，单细胞培养及自然条件下的研究样品易管理、易处理、占空间小。

⑤ 与其他水生生物关系密切，是各种水生生物的重要食料，在水体污染情况下有利于研究各种种群平衡关系发生的变化。

⑥ 分布广泛，种类丰富，它的绝对丰度、种类和数量的变化能很好地反映水质变迁和水质现状，可用来更好地监测水质。

覆盖在有些硅藻外面的胶状膜能吸附放射性物质，将其吸收到体内，一旦硅藻接触放射性物质后便迅速死亡，可作为放射性污染的指示生物。有些硅藻种（如小球藻、星藻和菱形藻）在光合作用过程中产生的油脂能指示农药的污染。

蓝藻门颤藻属（*Oscillatoria*）喜欢有机质丰富的环境，可于来指示城市污水是否达到排放标准。

附植生物的多样性指数、均匀度指数、藻类密度和总生物量与富营养化水体中氮、磷含量有关，附植生物群落结构的变化能反映水环境质量的变化。

二、 改善水质

河流、湖泊、水塘、景观水等水体富营养化已成为普遍现象，可利用附植生物对水体中的营养盐进行调控。附植生物和水生植物可改变水体动力学过程，通过减缓水流速度和加快水体颗粒物的沉淀吸附颗粒物。附着生物群落自身生长吸收大量的营养盐，把营养盐保持在附着生物体内，从而降低水体中营养盐的含量；附着生物群落通过自身的光合作用和代谢活动改变水体的 pH 值、溶解氧、氧化还原电位等理化条件，促进水体中营养盐的沉降，阻断营养盐从底泥或者其他附着基质上的释放。附植生物还能有效去除水体中的磷，主要是通过 P 吸收和促进磷的沉淀、过滤水体中颗粒态的磷，附着生物群落减缓水流速度，这可以减少颗粒态磷随水流的传输；附着藻类群落的光合作用释放氧气可使水体 pH 值升高，这能促进 Ca-P 的沉淀，同时还有碳酸盐-磷酸盐复合体的沉淀，并使其长期埋藏；附着藻类和水生植物同时进行光合作用，引起水体中溶解氧处于过饱和状态，促进金属磷酸盐的沉淀。因此，可以利用附植生物对水体营养盐的吸附、吸收、沉淀等原理降低水体的营养盐浓度和颗粒物浓度，进而提高水环境质量。可利用这一原理通过种植水生植物或人造植物对景观水进行生态治理。目前，景观水治理的方法有物理法、化学法及生物法，实际工程中一般为多种方法的组合或综合运用。化学法主要是向景观水池中投加化学药剂等，投加化学药剂的方法不利于水体安全和水池的景观效果，故不建议采用。生物法主要是向景观水池中投加微生物，以去除水体中的污染物，通过合理地搭配沉水植物建立强化微生态系统，激发附植微生物和水体微生物的活性，同时通过水体的流动可实现景观水体富营养化的治理。

三、　去除重污染水体有机物

　　污染严重的水体如城市有机废水、工厂有机废水、畜产有机废水、生活污水等水体，一般溶解氧低、透明度低和悬浮物含量高，低氧或厌氧条件下污染物发生转化并产生氨氮、硫化氢、挥发性有机酸等恶臭物质以及铁、锰硫化物等黑色物质。对这类水体的治理，传统的物理修复技术、化学修复技术和生物-生态修复技术的应用受到一定的限制，治理成本高，效果不理想，因此，必须以生态的理念、思路和技术来探索切实有效的水体污染治理的新途径。附着生物是一个由多种生物构成的复杂共生系统，其中的一些种类可以降解有机化合物，但天然水草由于在有机污染水体中不易存活，可寻找功能相近的人工基质——人工水草来替代。

　　人工水草是一种附着生物载体，可模仿植物净化水体的原理，采用耐酸碱、耐污、柔韧性强的仿水草，通过改性技术促使附着生物附着，并结合添加枯草杆菌（*Bacillus subtilis*）、光合细菌球形红细菌（*Rhodobacter sphaeroides*）、氧化硫硫杆菌（*Thiobacillus thiooxidans*）等功能菌，形成附着层，建立多功能人工水草生物膜系统，从而高效降解有机污染物，使水体洁净，从而修复受污染水体。人工水草可以克服天然水草无法生长生存的困难，且不受外界不良环境的限制，比表面积较大，不但有利于附着生物的附着，而且还易形成好氧、兼性厌氧和厌氧微环境，进而可吸附、分解有机物，高效脱氮除磷。如微囊藻毒素、酚类化合物、COD、BOD$_5$ 等有机污染物均可利用人工水草上的附植生物降解。目前的人工水草主要有阿克曼生态基、生物填料（辫带式生物填料、组合填料、软性填料、半软性填料、弹性填料、悬浮填料等）和新型人工水草——碳素纤维生态草。碳素纤维生态草是用于生态性水处理的高科技材料，是将丙烯酸纤维通过特殊处理进行碳化制成的具有微细石墨结晶结构的纤维状碳物质。碳素纤维生态草具有很大的表面积和高度的生物亲和性，能吸收、吸附、截留水中溶解态和悬浮态的污染物，为各类微生物、藻类和微生动的生长、繁殖提供良好的着生、附着条件，而且碳素纤维经太阳光照射后发出的声波能够激发微生物的活性，吸引水生动物，形成产卵和生长、繁殖的藻场。最终在碳素纤维生态草上形成薄层的具有很强净化活性功能的"生物膜"，并且碳素纤维生态草的音波能够激发微生物活性，促进污染物的降解及转化。这是世界领先的水处理技术产品，目前已成功应用于水体生态环境修复和水污染防治领域。

人工水草可在有效水域内立体全方位均匀舒展，使空气、水、附着物得到充分混合接触交换，通过改性能使附植生物在水草表面均能保持良好的活性和空隙可变性，进行良好的新陈代谢过程。人工水草容易获取，价格经济，比表面积较大，环境修复能力强，可大规模应用于各种受污染水体。

四、 去除重金属

水生植物对水体中的重金属有较强的吸收作用，主要通过吸附-解吸、沉积-溶解、离子交换、螯合-分解和氧化-还原反应等过程进行，重金属进入植物体内后，主要以螯合态和毒性较大的可溶态形式存在。重金属离子在进入植物前首先接触附着生物这一高度异质性环境：其中的附着藻类可吸收重金属；其中的非生物有机成分可与重金属离子结合，降低重金属离子活度，调节重金属吸收速率；其中的氧化还原微环境可能改变重金属离子的理化反应活性，影响重金属吸收速率。附植生物尤其是附植藻类具有去除污水中重金属的潜力。许多附着硅藻、绿藻（*Chlamydomonas reinhardtii*）能够吸收离子态重金属（如 Cd^{2+}、Pb^{2+}）。胞外聚合物可迅速将重金属吸附在细胞表面，然后通过动力学机制将重金属吸收到细胞体内，细胞内吸附或吸收过程是缓慢的且需要代谢活动的参与。一些不活跃的甚至死的附着微生物也可以通过各种物理化学机制被动地约束金属离子。因此，利用附植生物去除重金属有较好的应用前景。

在附着生物去除污染物的过程中，吸收、吸附和生物降解这些不同的过程可能同时涉及，而且这些过程可能还涉及一些子过程，如附着生物去除水溶液中的重金属包括络合作用、吸附作用、吸收作用、过滤、微量沉淀、静电相互作用、离子交换作用等。一般来说，这些过程在附着生物去除污染物期间同时出现。由于这些不同过程的联合作用，因此，附着生物有同时去除多种污染物的巨大潜力，应用前景广阔。

第二节　附植生物生态学研究展望

附植生物是陆地和敞水系统之间的物理连接，在微小尺度上附植生物是基质和水的界面。近一个世纪的野外和室内研究为附植生物生态学打下坚实的基础。然而，要全面理解和充分利用附植生物的功能，研究者们仍有许多工作需要深入研究，仍面临着诸多挑战，还应在如下方面加强研究。

1. 应制定附植生物研究标准或规范

著名实验室之间应加强交流与合作，加强团队研究，成果应结合应用到附植生物研究标准的准备中，倡导方法一致、标准统一，进而用来指导常规的实验研究。

2. 加强附植生物结构与功能的研究

在群落结构方面，理解附植生物群落与其附着的基质间的耦合功能关系需要在群落内微小尺度上弄清附植生物成分的组成和动态。尽管附植生物群落结构有明显的异质性，但普遍的定居和演替模式还是存在的和值得探讨的。评价群落发展变化和与基质耦合的附植生物种类分布的差异，以进行附着群落的无机成分和有机成分（如总有机质、C、N、蛋白质、糖类、脂类等）的元素分析也非常需要加强。附着动物（如原生动物、轮虫、腹足类动物、环节动物、线虫、摇蚊等）功能分析比单纯地分析生物量更有价值和启发性。对附植生物的多样性和结构组成需要进行更加全面和准确的研究。通过精密的仪器和巧妙科学的实验设计，尽量排除干扰因素的作用，保证观察到准确的结果，并且和具体明确的因子联系起来，探明附植生物群落的形成过程，为其应用奠定基础。

在群落功能方面，需要更严格的方式来分析附植生物活的、衰老的和死的成分间复杂和紧密耦合的代谢及其与基质的关系。从周围环境的大尺度群落分析得到的结论可能会对群落内附植生物物种的运行及其与养分的耦合和基质内代谢的理解产生误导。为使异质性最小和集中分析某些关键机制，很有必要对群落进行分室，可用简化的实验系统有效地评价一些问题。对于有生命的基质（如植物组织或与无机和有机基质组分代谢耦合的陡分层的底栖微生物群落），必须充分理解耦合和基质代谢同步，这样可定量分析出附植生物的通量。尽管种种研究表明不同的物质循环过程会导致差异非常大的附植生物群落结构，但还是难以把某一类附着细菌和某一特定生态功能直接联系起来，因为即使是同一类的细菌，在不同的环境下也常常会显示出截然不同的生理生态特性。分子生物学、显微成像、连续自动采样等技术的进一步发展，将使人们可以在更小的时空范围内比较亲缘关系上接近或遥远的细菌之间蛋白质组的差异，追踪细菌的形态和生理特征方面的变化，从而可以为我们认识附植生物的相关功能提供更有利的支持。

此外，还应对附植生物的功能进行更多的拓展研究。加强附植生物在

C、H、O、N、P、S 等元素的循环和利用中功能的研究，探明附植生物是如何参与到这些元素的生物地球化学循环过程中的，是否存在着结构与功能上的耦合和对应。将附植生物与浮游生物、沉积物生物以及植物根际生物的研究联系起来，进一步探明附植生物在生态系统中的功能地位和贡献。将对附着藻类、附着细菌和其他微生物如古菌、真菌、原生动物、后生动物等的研究有机结合起来，构建一个立体的生态系统体系，进而理解附植生物的生态效应。

3. 加强多变量研究，综合评价环境因子对附植生物的影响

今后附植生物生态学应趋向于多变量、多现象和机制研究。传统的研究提供了附植生物群落时空特征研究，但不能都能区分环境或生物因素引起的这些变化。由于单变量很少孤立地发挥作用，多变量的结合如干扰×资源、牧食×基质、胁迫×资源、资源×基质、干扰×牧食等的研究比单变量更接近实际。影响附植生物生态学的环境因子可分为水体生态系统的内部环境因子和区域尺度上的外部环境因子。区域尺度上的非生物因素在不同水体间可表现出年际变化同步性，而水体特有的内部环境因子却往往抑制并减弱了区域尺度上的外界因子对附植生物多样性的作用。因此，综合评价多种环境因子对附植生物的影响非常重要。附植生物对多种因素的综合响应在生态学研究中非常重要，但由于单变量对预测胁迫暴露的影响和发现趋势、探明胁迫影响附植生物的机制是必需的，因而确定和量化单变量附植生物-影响因子的关系也非常重要。为彻底揭示附植生物的组成、结构、功能及影响因子，要更严格地操作实验，尤其是能产生环境驱动力和生态响应之间关系清晰的实验，所以进行受控条件下的实验室研究是非常必要的。

4. 加强附植生物应用研究

加强能预测附植生物群落结构和水质关系的实验与模拟方法。由于附植生物对水质变化敏感，尤其是对湖泊和河流养分增加反应迅速并可以预测，加之附着藻类较短的世代时间使它们对水质的变化要比大型水生植物或水生动物响应更迅速。附植生物的某种结构和功能具有随养分增加而变化的特征，因此能提供一个富营养化早期信号。加强实验研究以评价附植

生物处理饮用水和生活用水的有效性，尤其是加强如何高效去除污染物、臭味、细菌和病毒等研究。还可发展一种生物整合的附植生物指数和有效 P 或有效 N 指数来指导生态修复。由于水生植物分布的时空的限制，研发水生植物替代材料——人工水草以拓展其应用领域。

5. 加强全球变化对附植生物影响的研究

水生生态系统对全球变化较为敏感，随着全球变化的持续，紫外辐射（ultraviolet radiation，UVR）增强、水体酸化、水温升高、富营养化加剧、水体污染、水位波动增大等都不可避免地将对附植生物的结构功能产生直接或间接的影响。比如湖泊富营养化和全球变暖都有利于外来水生植物的生长与无性繁殖，增强其入侵性。附植生物对全球变化将做出如何响应将是今后研究的重要课题。在全球变暖背景下，由增温所引起的一系列附植生物生态效应也是当前和未来科学界关注的焦点之一。探讨环境变化、附植生物的功能和水生态系统的可塑性三者之间的关系，亦是值得学者们长期关注。

6. 集中发展、检验和精炼模型，提出理论

附植生物生态学在检验和发展概念模型方面已取得了一定进展。这些模型包括斑块动态、资源胁迫关系、干扰-生物多样性和干扰-生态系统功能关系等。概念模型可为数据提供环境、为理论生态做贡献，引领将来的研究，但概念模型的发展落后于实验研究。如果学者们现在着手开始检验、修正近些年提出的这些概念模型并提出新模型，那么一个快速发展的附植生物生态学时代将会来临，而且如果要使附植生物生态学从大量的描述和归纳学科发展为演绎和理论学科，那么提出概念模型则是关键步骤。

7. 加强多学科交叉研究，从多角度对附植生物生态学进行深入研究

附植生物生态学传统上是具有植物或生态学专长的生物学家的领域，其他学科的研究团队进行的附植生物生态学研究相对较少。为解决日益增加的复杂研究问题和环境问题，生态学家需要采取多学科研究法。这些对传统科学领域有影响力的来自不同学科的方法可为附植生态学带来数据、方法、理论和前景。相比之下，地质学者、水文学者、化学家、遗传学者和生态学家的合作促进了底栖生物生态学领域的快速发展。同样的交叉合

作研究也将会对附植生物生态学的发展产生重大影响。由于单学科的知识缺口，将附植生物生态学、景观生态学、流体力学、浮游植物生理学专家联合起来将是最有价值的协作，将能大大推进附植生物生态学的快速发展。

参 考 文 献

[1] Abbassi R，Yadav A K，Huang S，Jaffé P R. 2014. Laboratory study of nitrification，denitrification and anammox processes in membrane bioreactors considering periodic aeration. Journal of environmental management 142：53-59.

[2] Ahmad S，Pop I. 2010. Mixed convection boundary layer flow from a vertical flat plate embedded in a porous medium filled with nanofluids. International Communications in Heat and Mass Transfer 37：987-991.

[3] Al-Horani F A，Al-Moghrabi S M，de Beer D. 2003. Microsensor study of photosynthesis and calcification in the scleractinian coral，Galaxea fascicularis：active internal carbon cycle. Journal of Experimental Marine Biology and Ecology 288：1-15.

[4] Al - hadithi S，Goulder R. 1989. Physiological state of epiphytic bacteria on submerged stems of the reed Phragmites australis compared with planktonic bacteria in gravel - pit ponds. Journal of Applied Microbiology 66：107-117.

[5] Aldridge K T ，Ganf G G. 2003. Modification of sediment redox potential by three contrasting macrophytes：implications for phosphorus adsorption/desorption. Marine and Freshwater Research 54：87-94.

[6] Allanson B. 1973. The fine structure of the periphyton of *Chara sp.* and *Potamogeton natans* from Wytham Pond，Oxford，and its significance to the macrophyte-periphyton metabolic model of RG Wetzel and HL Allen. Freshwater Biology 3：535-542.

[7] Almeida Pereira，Aparecida Felisberto T S，de Oliveira Fernandes V. 2013. Spatial variation of periphyton structural attributes on *Eichhornia crassipes* （Mart.） Solms. in a tropical lotic ecosystem. Acta Scientiarum：Biological Sciences 35：319-326.

[8] An S，Gardner W S，Kana S. 2001. Simultaneous measurement ofdenitrification and nitrogen fixation using isotope pairing with membrane inlet mass spectrometry analysis. Applied and environmental microbiology 67：1171-1178.

[9] Annelies J，Audet J，DimitrovaM R，Hoffmann C C，Gillissena F，d Klein J J M．

2014. Denitrification in restored and unrestored Danish streams. Ecological Engineering 66: 129-140.

[10] Arini Adeline, Agnès Feurtet-Mazel, Soizic Morin, Régine Maury-Brachet, Michel Coste, François Delmas. 2012. Remediation of a watershed contaminated by heavy metals: a 2-year field biomonitoring of periphytic biofilms. Science of the Total Environment 425: 242-253.

[11] Asaeda T, Manatunge M S J, Fujino T. 2004. The effect of epiphytic algae on the growth and production of *Potamogeton perfoliatus* L. in two light conditions. Environmental and experimental botany 52: 225-238.

[12] Axler R P, Reuter J E. 1996. Nitrate uptake by phytoplankton and periphyton: Whole-lake enrichments and mesocosm-^{15}N experiments in an oligotrophic lake. Limnology and Oceanography 41: 659-671.

[13] Azim M E. 2005. Periphyton: ecology, exploitation and management. CABI.

[14] Barko J, Adams M, Clesceri N. 1986. Environmental factors and their consideration in the management of submersed aquatic vegetation: a review. Journal of Aquatic Plant Management 24: 1-10.

[15] Barko J W, Gunnison D G, Carpenter S R. Sediment interactions with submerged macrophytes growth and community dynamics [J]. Aquatic Botany, 1991, 41: 41-65.

[16] Bastviken S K, Eriksson P, Ekström A, Tonderski K. 2007. Seasonal denitrification potential in wetland sediments with organic matter fromdifferent plant species. Water, Air, and Soil Pollution 183: 25-35.

[17] Battin T J, Kaplan L A, Newbold J D, Hansen C M E. 2003. Contributions of microbial biofilms to ecosystem processes in stream mesocosms. Nature 426: 439-442.

[18] Bezbaruah A N, Zhang T C. 2004. pH, redox, and oxygen microprofiles in rhizosphere of bulrush (*Scirpus validus*) in a constructed wetland treating municipal wastewater. Biotechnology and Bioengineering 88: 60-70.

[19] Boros G SØndergaard M, Takács P, Vári Á, Tátrai I. 2011. Influence of submerged macrophytes, temperature, and nutrient loading on the development of redox potential around the sediment-water interface in lakes. Hydrobiologia 665: 117-127.

[20] Cai W J, Reimers C E. 1993. The Development of pH and pCO_2 microelectrodes for studying the carbonate chemistry of pore waters near the sediment-water interface. Limnology and Oceanography 38: 1762-1773.

[21] Cai X, Gao G, Yang J, Tang X, Dai J, Chen D, Song Y. 2013. An ultrasonic method for separation of epiphytic microbes from freshwater submerged macrophytes. Journal of basic microbiology 54: 758-761.

[22] Canion，Kostka J E，Gihring T M，Huettel M，van Beusekom J E E，Gao H，Lavik G，Kuypers M M M. 2014. Temperature response of denitrification and anammox reveals the adaptation of microbial communities to in situ temperatures in permeable marine sediments that span 50o in latitude. Biogeosciences 11：309-320.

[23] Cano M G，Casco M A，Claps M C. 2013. Vertical distribution of epiphyton biomass and diversity in a shallow lake during contrasting ecosystem regimes. Aquatic Botany 110：38-47.

[24] Carpenter S R. 1981. Submersed vegetation：an internal factor in lake ecosystem succession. American Naturalist 118：372-383.

[25] Castine S A，Erler D V，Trott L A，Paul N A，De Nys R，Eyre B D. 2012. Denitrification and anammox in tropical aquaculture settlement ponds：an isotope tracer approach for evaluating N_2 production. PLoS ONE 7：e42810.

[26] Chen C，Yin D，Yu B，Zhu H. 2007. Effect of epiphytic algae on photosynthetic function of Potamogeton crispus. Journal of Freshwater Ecology 22：411-420.

[27] Chen N，Wu J，Chen Z，Lu T，Wang L. 2014. Spatial-temporal variation of dissolved N_2 and denitrification in an agricultural river network，southeast China. Agriculture，Ecosystems&Environment 189：1-10.

[28] Chipman L，Huettel M，Berg P，Meyer V，Klimant I，Glud R，Wenzhoefer F. 2012. Oxygen optodes as fast sensors for eddy correlation measurements in aquatic systems. Limnology and Oceanography Methods 10：304-316.

[29] Dalsgaard T，Zwart J D，Robertson L A，Kuenen J G，Revsbech N P. 1995. Nitrification，denitrification and growth in artificial Thiosphaera pantotropha biofilms as measured with a combined microsensor for oxygen and nitrous oxide. FEMS Microbiological Ecology 17：137-148.

[30] Danhorn T，Fuqua C. 2007. Biofilm formation by plant-associated bacteria. Annual Review of Microbiology 61：401-422.

[31] De Beer D，Glud A，Epping E，Kuhl M. 1997. A fast-responding CO_2 microelectrode for profiling sediments，microbial mats，and biofilms. Limnology and Oceanography 42：1590-1600.

[32] De Beer D，Schramm A. 1999. Micro-environments and mass transfer phenomena in biofilms studied with microsensors. Water science and technology 39：173-178.

[33] De Beer D，Stoodley P，Roe F，Lewandowski Z. 1994. Effects of biofilm structures on oxygen distribution and mass transport. Biotechnology and bioengineering 43：1131-1138.

[34] De Beer D，Sweerts J P R. 1989. Measurement of nitrate gradients with an ion-selective microelectrode. Analytica Chimica Acta 219：351-356.

[35] De Nicola D M，d Eyto E，Wemaere A，Irvine K. 2006. Periphyton response to nutrient ad-

dition in 3 lakes of different benthic productivity. Journal of the North American Benthological Society 25: 616-631.

[36] De Nicola D M, Kelly M. 2014. Role of periphyton in ecological assessment of lakes. Freshwater Science 33: 619-638.

[37] Dong B, Han R, Wang G, Cao X. 2014. O_2, pH, and redox potential microprofiles around *Potamogeton malaianus* measured using microsensors. PLoS ONE 9: e101825.

[38] Dos Santos T R, Ferragut C, de Mattos Bicudo C E. 2013. Does macrophyte architecture influence periphyton? Relationships among Utricularia foliosa, periphyton assemblage structure and its nutrient (C, N, P) status. Hydrobiologia 714: 71-83.

[39] Eriksson P G, Weisner S. 1996. Functional differences in epiphytic microbial communities in nutrient-rich freshwater ecosystems: an assay ofdenitrifying capacity. Freshwater Biology 36: 555-562.

[40] Eriksson P G. 2001. Interaction effects of flow velocity and oxygen metabolism on nitrification and denitrification in biofilms on submersed macrophytes. Biogeochemistry 55: 29-44.

[41] Eriksson P G, Weisner S E B. 1997. Nitrogen removal in a wastewater reservoir: The importance of denitrification by epi-phytic biofilms on submersed vegetation. Journal of Environmental Quality 26: 905-910.

[42] Eriksson P G, Weisner S E B. 1999. An experimental study on effects of submersed macrophytes on nitrification and denitrification in ammonium-rich aquatic systems. Limnology and Oceanography 44: 1993-1999.

[43] EyreB D, Rysgaard S, Dalsgaard T, Christensen P B. 2002. Comparison of isotope pairing and N_2: Ar methods for measuring sediment denitrification—Assumption, modifications, and implications. Estuaries 25: 1077-1087.

[44] Fang F, Yang P, Gan L, Guo L, Hu Z, Yuan S, Chen Q, Jiang L. 2013. DO, pH, and Eh microprofiles in cyanobacterial granules from Lake Taihu under different environmental conditions. Journal of Applied Phycology 25: 1-11.

[45] Ferragut, C, de Campos Bicudo D. 2010. Periphytic algal community adaptive strategies in N and P enriched experiments in a tropical oligotrophic reservoir. Hydrobiologia 646: 295-309.

[46] França R, Lopes M R M, Ferragut C. 2011. Structural and successional variability of periphytic algal community in a Amazonian lakeduring the dry and rainy season (Rio Branco, Acre). Acta Amazonica 41: 257-266.

[47] Frankovich T A, Zieman J C. 2005. Periphyton light transmission relationships in Florida Bay and the Florida Keys, USA. Aquatic Botany 83: 14-30.

[48] Galina Pomazkina, Lyubov Kravtsova, Sorokovikova E. 2012. Structure of epiphyton com-

munities on Lake Baikal submerged macrophytes. Limnological Review 12：19-27.

［49］ Ghane-Motlagh B，Sawan M. 2013. Design and implementation challenges of microelectrode arrays：a review. Materials Sciences & Applications 4：483-495.

［50］ Glud R N，Berg P，Fossing H，Jorgensen B B. 2007. Effect of thediffusive boundary layer on benthic mineralization and O_2 distribution：A theoretical model analysis. Limnology and Oceanography 52：547-557.

［51］ Gundersen J K，JØrgensen B B. 1990. Microstructure ofdiffusive boundary layers and the oxygen uptake of the sea floor. Nature 345：604-607.

［52］ Havens K E，East T L，Rodusky AJ，Sharfstein B. 1999. Littoral periphyton responses to nitrogen and phosphorus：an experimental study in a subtropical lake. Aquatic Botany 63：267-290.

［53］ He D，Ren L，Wu Q. 2012. Epiphytic bacterial communities on two common submerged macrophytes in Taihu Lake：diversity and host-specificity. Chinese Journal of Oceanology and Limnology 30：237-247.

［54］ Hempel M，Blume M，Blindow I，Gross E M. 2008. Epiphytic bacterial community composition on two common submerged macrophytes in brackish water and freshwater. BMC microbiology 8：58.

［55］ Hempel M，Grossart H P，Gross E M. 2009. Community composition of bacterial biofilms on two submerged macrophytes and an artificial substrate in a pre-alpine lake. Aquatic Microbial Ecology 58：79-94.

［56］ Hill W R，Harvey B C. 1990. Periphyton responses to higher trophic levels and light in a shaded stream. Canadian Journal of Fisheries and Aquatic Sciences 47：2307-2314.

［57］ Hinojosa-Garro D，Mason C F，Underwood G J. 2010. Influence of macrophyte spatial architecture on periphyton and macroinvertebrate community structure in shallow water bodies under contrasting land management. Fundamental and Applied Limnology/Archiv für Hydrobiologie 177：19-37.

［58］ Huang W，Yano S，Zhang J，Wang Y. 2013. Spatial and temporal variation in stable isotopes signatures of periphyton and an endangered fish in a flow-reduced river reach. International Journal of Environmental Research 7：533-538.

［59］ Huygens D，Trimmer M，Rütting T，Müller C，Heppell C M，Lansdown K，Boeckx P. 2013. Biogeochemical nitrogen cycling in wetland ecosystems：Nitrogen-15 isotope techniques. Methods in Biogeochemistry of Wetlands 7：553-591.

［60］ Inglett P W，Kana T M，An S. 2013. Denitrification measurement using membrane inlet mass spectrometry. Methods in Biogeochemistry of Wetlands 10：503-517.

〔61〕 Irfanullah H M, Moss B. 2004. Factors influencing the return of submerged plants to a clearwater, shallow temperate lake. Aquatic Botany 80: 177-191.

〔62〕 Isabella D C V. 2014. Analysis of periphyton presence related to physical chemical parameter and the characteristic of seagrass beds in pari island. http: //repository. ipb. ac. id/handle/ 123456789/68279.

〔63〕 Jacobs A E, Harrison J A. 2014. Effects of floating vegetation ondenitrification, nitrogen retention, and greenhousegas production in wetland microcosms. Biogeochemistry 119: 51-66.

〔64〕 James W F, Best E P, Barko J W. 2004. Sediment resuspension and light attenuation in Peoria Lake: can macrophytes improve water quality in this shallow system? Hydrobiologia 515: 193-201.

〔65〕 Jensen K, Revsbech N P, Nielsen L P. 1993. Microscale distribution of nitrification activity in sediment determined with a shielded microsensor for nitrate. Appl Environ Microbiol 59: 3287-3296.

〔66〕 Jensen K, Sloth N P, Risgaard-Petersen N, Rysgaard S, Revsbech. N. P. 1994. Estimation of nitrification and denitrification from microprofiles of oxygen and nitrate in model sediment systems. Applied and environmental microbiology 60: 2094-2100.

〔67〕 Jensen S I, Kühl M, Glud R N, J∅rgensen L B, Priemé A. 2005. Oxic microzones and radial oxygen loss from roots of Zostera marina. Marine Ecology Progress Series 293: 49-58.

〔68〕 Jeppesen E, Meerhoff M, Jacobsen B A, Hansen R S, S∅ndergaard M, Jensen J P, Lauridsen L L, Mazzeo N, Branco C W C. 2007. Restoration of shallow lakes by nutrient control and biomanipulation—the successful strategy varies with lake size and climate. Hydrobiologia 581: 269-285.

〔69〕 Jmgensen B B, Des Marais D J. 1990. The diffusive boundary layer of sediments: Oxygen microgradients over a microbial mat. Limnol Oceanogr 35: 1343-1355.

〔70〕 Jones J I, Eaton J W, Hardwick K. 2000. The influence of periphyton on boundary layer conditions: A pH microelectrode investigation. Aquatic Botany 67: 191-206.

〔71〕 Jones J I, Moss B, Eaton J W, Young J O. 2000. Do submerged aquatic plants influence periphyton community composition for the benefit of invertebrate mutualists? Freshwater Biology 43: 591-604.

〔72〕 Jones J I, Young J O, Eaton J W, Moss B. 2002. The influence of nutrient loading, dissolved inorganic carbon and higher trophic levels on the interaction between submerged plants and periphyton. Journal of Ecology 90: 12-24.

〔73〕 Jorgensen B B, Des Marais D J. 1990. The diffusive boundary layer of sediments: Oxygen microgradients over a microbial mat. Limnology and Oceanography 35: 1343-1355.

［74］ JØrgensen B B，Revsbech N P. 1985. Diffusive bounday layers and the oxygen uptake of sediments anddetritus. Limnology and Oceanography 30：111-122.

［75］ Kana T M，Sullivan M B，Cornwell J C，Groszkowski K M. 1998. Denitrification in estuarine sediments determined by membrane inlet mass spectrometry. Limnology and Oceanography 43：334-339.

［76］ Kessler A J，Bristow L A，Cardenas M B，Glud R N，Thamdrup B，Cook P L. 2014. The isotope effect of denitrification in permeable sediments. Geochimica et Cosmochimica Acta 133：156-167.

［77］ Kilroy C，Booker D，Drummond L，Wech J，Snelder T. 2013. Estimating periphyton standing crop in streams：a comparison of chlorophyll a sampling and visual assessments. New Zealand Journal of Marine and Freshwater Research 47：1-17.

［78］ Klimant I，Meyer V，Kuhl M. 1995. Fiber-optic oxygen microsensors，a new tool in aquatic biology. Limnology and Oceanography 40：1159-1165.

［79］ Klimant I，Ruckruh F，Liebsch G，Stangelmayer A，and Wolfbeis O. S. 1999. Fast response oxygen micro-optodes based on novel soluble ormosilglasses. Microchimica Acta 131：35-46.

［80］ Kocincova A S，Borisov S M，Krause C，Wolfbeis O. S. 2007. Fiber-optic microsensors for simultaneous sensing of oxygen and pH，and of oxygen and temperature. Analytical chemistry 79：8486-8493.

［81］ Koike I，Hattori A. 1978. Simultaneous determinations of nitrification and nitrate reduction in coastal sediments by a 15N dilution technique. Appl Environ Microbiol 35：853-857.

［82］ Körner S. 1999. Nitrifying and denitrifying bacteria in epiphytic communities of submerged macrophytes in a treated sewage channel. Acta Hydrochimica et Hydrobiologica 27：27-31.

［83］ Kühl M. 2005. Optical microsensors for analysis of microbial communities. Methods in Enzymology 397：166-199.

［84］ Larkum A W，Koch E M，Kühl M. 2003. Diffusive boundary layers and photosynthesis of the epilithic algal community of coral reefs. Marine Biology 142：1073-1082.

［85］ Laursen A，Inglett P W. 2013. System-level denitrification measurement based on dissolved gas equilibration theory and membrane inlet mass spectrometry. Methods in Biogeochemistry of Wetlands Chapter 29：539-552.

［86］ Lee J H，Lim T S，Seo Y，Bishop P L，Papautsky I. 2007. Needle-type dissolved oxygen microelectrode array sensors for in situ measurements. Sensors and Actuators B：Chemical 128：179-185.

［87］ Li E H，Li W，Liu G H，Yuan L Y. 2008. The effect of different submerged macrophyte species and biomass on sediment resuspension in a shallow freshwater lake. Aquatic Botany 88: 121-126.

［88］ Li K, Liu Z, Gu B. 2008. Persistence of clear water in a nutrient-impacted region of Lake Taihu: The role of periphyton grazing by snails. Fundamental and Applied Limnology/Archiv für Hydrobiologie 173: 15-20.

［89］ Liao X, Inglett P W. 2014. Dynamics of periphyton nitrogen fixation in short-hydroperiod wetlands revealed by high-resolution seasonal sampling. Hydrobiologia 722: 263-277.

［90］ Liboriussen L, Jeppesen E. 2003. Temporal dynamics in epipelic, pelagic and epiphytic algal production in a clear and a turbid shallow lake. Freshwater Biology 48: 418-431.

［91］ Lim T S, Lee J H, Papautsky I. 2009. Effect of recess dimensions on performance of the needle-type dissolved oxygen microelectrode sensor. Sensors and Actuators B: Chemical 141: 50-57.

［92］ Limmer A, Steele K. 1982. Denitrification potentials: measurement of seasonal variation using a short-term anaerobic incubation technique. Soil biology and biochemistry 14: 179-184.

［93］ Lin H J, Nixon S, Taylor D, Granger S, Buckley B. 1996. Responses of epiphytes on eelgrass, *Zostera marina* L, to separate and combined nitrogen and phosphorus enrichment. Aquatic Botany 52: 243-258.

［94］ Liu J L, Yang Y, Liu F, Zhang L L. 2014. Relationship between periphyton biomarkers and trace metals with the responses to environment applying an integrated biomarker response index (IBR) in estuaries. Ecotoxicology 23: 538-552.

［95］ Lorenzen J, Glud R, Revsbech N. 1995. Impact of microsensor-caused changes indiffusive boundary layer thickness on O_2 profiles and photosynthetic rates in benthic communities of microorganisms. marine ecology-progress series 119: 237-237.

［96］ Lorenzen J, Larsen L H, Kjær T, Revsbech N P. 1998. Biosensor determination of the microscale distribution of nitrate, nitrate assimilation, nitrification, anddenitrification in adiatom-inhabited freshwater sediment. Applied and environmental microbiology 64: 3264-3269.

［97］ Mächler L, Brennwald M S, Kipfer R. 2012. Membrane inlet mass spectrometer for the quasi-continuous on-site analysis of dissolved gases in groundwater. Environmental science & technology 46: 8288-8296.

［98］ Matsui Inoue T, Tsuchiya T. 2008. Interspecific differences in radial oxygen loss from the roots of three Typha species. Limnology 9: 207-211.

［99］ Mbao E, Kitaka N, Oduor S, Kipkemboi J. 2013. Periphyton as Inorganic Pollution Indicators in Nyangores Tributary of the Mara River in Kenya. Int. J. Fish. Aquat. Sci 2: 81-93.

［100］ McCarthy M J, Gardner W S. 2003. An application of membrane inlet mass spectrometry to measure denitrification in a recirculating mariculture system. Aquaculture 218: 341-355.

[101] McCormick P V, O' Dell M B, Shuford R B, Backus J G, Kennedy W C. 2001. Periphyton responses to experimental phosphorus enrichment in a subtropical wetland. Aquatic Botany 71: 119-139.

[102] McCormick P V, Stevenson R J. 1998. Periphyton as a tool for ecological assessment and management in the Florida Everglades. Journal of Phycology 34: 726-733.

[103] Mei X, Wong M, Yang Y, Dong H, Qiu R, Ye Z. 2012. The effects of radial oxygen loss on arsenic tolerance and uptake in rice and on its rhizosphere. Environmental Pollution 165: 109-117.

[104] Middelburg J J, Soetaert K, Herman P M, Nielsen L, Risgaard-petersen N, Rysgaard S, Blackburn T. 1996. Evaluation of the nitrogen isotope-pairing method for measuring benthic-denitrification: A simulation analysis. Comment. Authors' reply. Limnology and Oceanography 41: 1839-1847.

[105] Mills G, Fones G. 2012. A review of *in situ* methods and sensors for monitoring the marine environment. Sensor Review 32: 17-28.

[106] Morris C E, Monier J M. 2003. The ecological significance of biofilm formation by plant-associated bacteria. Annual review of phytopathology 41: 429-453.

[107] Morris E P, Peralta G, Van Engeland T, Bouma T J, Brun F G, Lara M, Hendriks I E, Benavente J, Soetaert K, Middelburg J J. 2013. The role of hydrodynamics in structuring in situ ammonium uptake within a submerged macrophyte community. Limnology & Oceanography: Fluids & Environments 3: 210-224.

[108] Mulholland P J, Webster J R. 2010. Nutrient dynamics in streams and the role of J-NABS. Journal of the North American Benthological Society 29: 100-117.

[109] Nakamura Y, Satoh H, Okabe S, Watanabe Y. 2004. Photosynthesis in sediments determined at high spatial resolution by the use of microelectrodes. Water Res 38: 2439-2447.

[110] Nielsen M, Larsen L H, Jetten M S, Revsbech N P. 2004. Bacterium-based NO_2-biosensor for environmental applications. Appl Environ Microbiol 70: 6551-6558.

[111] Orr C H, Predick K I, Stanley E H, Rogers K L. 2014. Spatial autocorrelation of denitrification in a restored and a natural floodplain. Wetlands 34: 89-100.

[112] Ottosen L D M, Risgaard-Petersen N, Nielsen L P. 1999. Direct and indirect measurements of nitrification and denitrification in the rhizosphere of aquatic macrophytes. Aquatic Microbial Ecology 19: 81-91.

[113] Özkan K, Jeppesen E, Johansson L S, Beklioglu M. 2010. The response of periphyton and submerged macrophytes to nitrogen and phosphorus loading in shallow warm lakes: a mesocosm experiment. Freshwater Biology 55: 463-475.

［114］ Pandey U，Pandey J. 2013. Impact of DOC trends resulting from changing climatic extremes and atmospheric deposition chemistry on periphyton community of a freshwater tropical lake of India. Biogeochemistry 112：537-553.

［115］ Pfeiffer T Z，Mihaljevic M，Stevic F，Spoljaric D. 2013. Periphytic algae colonization driven by variable environmental components in a temperate floodplain lake. Pages 179-190 *in* Annales de Limnologie-International Journal of Limnology. Cambridge Univ Press.

［116］ Phillips G，Eminson D，Moss B. 1978. A mechanism to account for macrophyte decline in progressively eutrophicated freshwaters. Aquatic Botany 4：103-126.

［117］ Pomazkina G，Kravtsova L，Sorokovikova E. 2012. Structure of epiphyton communities on Lake Baikal submerged macrophytes. Limnological Review 12：19-27.

［118］ Poulsen M，Kofoed M V，Larsen L H，Schramm A，Stief P. 2014. *Chironomus plumosus* larvae increase fluxes ofdenitrification products and diversity of nitrate-reducing bacteria in freshwater sediment. Systematic and applied microbiology 37：51-59.

［119］ Qin B，Hu W，Gao G，Luo L，Zhang J. 2004. Dynamics of sediment resuspension and the conceptual schema of nutrient release in the large shallow Lake Taihu，China. Chinese Science Bulletin 49：54-64.

［120］ Qin B Q，Xu P Z，Wu Q L，Luo L C，Zhang Y L. 2007. Environmental issues of lake Taihu，China. Hydrobiologia 581：3-14.

［121］ Raeder U，Ruzicka J，Goos C. 2010. Characterization of the light attenuation by periphyton in lakes of different trophic state. Limnologica-Ecology and Management of Inland Waters 40：40-46.

［122］ Rasmussen H，JØrgensen B B. 1992. Microelectrode studies of seasonal oxygen uptake in a coastal sediment：Role of molecular diffusion. Marine ecology progress series. Oldendorf 81：289-303.

［123］ Reddy K. 1989. Nitrification-denitrification at the plant root-sediment interface in wetlands. Limnol. Oceanogr 34：1004-1013.

［124］ Revsbech N P，Jorgensen B，Blackburn T H，Cohen Y. 1983. Microelectrode studies of the photosynthesis and O_2，H_2S，and pH profiles of a microbial mat. Limnol. Oceanogr 28：1062-1074.

［125］ Risgaard-Petersen N，Jensen K. 1997. Nitrification and denitrification in the rhizosphere of the aquatic macrophyte Lobelia dortmanna L. Limnology and Oceanography 42：529-537.

［126］ Risgaard-Petersen N，Nielsen L P，Rysgaard S，Dalsgaard T，Meyer R L. 2003. Application of the isotope pairing technique in sediments where anammox and denitrification coexist. Limnol. Oceanogr. Methods 1：63-73.

［127］ Roberts E，KrokerJ，Körner S，Nicklisch A. 2003. The role of periphyton during the recolonization of a shallow lake with submerged macrophytes. Hydrobiologia 506：525-530.

[128] Rogers K，Breen C. 1981. Effects of epiphyton on Potamogeton crispus L. leaves. Microbial Ecology 7：351-363.

[129] Romanów M，Witek Z. 2011. Periphyton dry mass，ash content，and chlorophyll content on natural substrata in three water bodies of different trophy. Oceanological and Hydrobiological Studies 40：64-70.

[130] Rothlisberger J D，Baker M A，Frost P C. 2008. Effects of periphyton stoichiometry on mayfly excretion rates and nutrient ratios. Journal of the North American Benthological Society 27：497-508.

[131] Rybakova I. 2010. Number，biomass，and activity of bacteria in the water of overgrowths and periphyton on higher aquatic plants. Inland Water Biology 3：307-312.

[132] Rysgaard S，Risgaard-Petersen N，Nielsen L P，Revsbech N P. 1993. Nitrification and denitrification in lake and estuarine sediments measured by the ^{15}N dilution technique and isotope pairing. Applied and environmental microbiology 59：2093-2098.

[133] Sánchez M L，Pizarro H，Tell G，Izaguirre I. 2010. Relative importance of periphyton and phytoplankton in turbid and clear vegetated shallow lakes from the Pampa Plain（Argentina）：a comparative experimental study. Hydrobiologia 646：271-280.

[134] Sand-Jensen K. 1977. Effect of epiphytes on eelgrass photosynthesis. Aquatic Botany 3：55-63.

[135] Sand-Jensen K. 1983. Physical and chemical parameters regulating growth of periphytic communities. Pages 63-71 in R. G. Wetzel，editor. Periphyton of freshwater ecosystems. Springer.

[136] Sand-Jensen K. 1990. Epiphyte shading：its role in resulting depth distribution of submerged aquatic macrophytes. Folia Geobotanica et Phytotaxonomica 25：315-320.

[137] Sand-Jensen K，Borum J. 1984. Epiphyte shading and its effect on photosynthesis and diel metabolism of L obelia dortmanna L. during the spring bloom in a Danish Lake. Aquatic Botany 20：109-119.

[138] Sand-Jensen K，Borum J. 1991. Interactions among phytoplankton，periphyton，and macrophytes in temperate freshwaters and estuaries. Aquatic Botany 41：137-175.

[139] Sand-Jensen K，Mebus J R. 1996. Fine-scale patterns of water velocity within macrophyte patches in streams. Oikos 76：169-180.

[140] Sand-Jensen K，Revsbech N P. 1987. Photosynthesis and light adaptation in epiphyte-macrophyte associations measured by oxygen microelectrodes. Limnology and Oceanography 32：452-457.

[141] Sand-Jensen K，Revsbech N P，Barker Jörgensen B. 1985. Microprofiles of oxygen in epi-

phyte communities on submerged macrophytes. Marine Biology 89: 55-62.

[142] Sand-Jensen K, Borg D, Jeppesen E. 2006. Biomass and oxygen dynamics of the epiphyte community in a Danish lowland stream. Freshwater Biology 22: 431-443.

[143] Sand-Jensen K, Pedersen N L, Thorsgaard I, Moeslund B, Borum J, Brodersen. K. P. 2008. 100 years of vegetationdecline and recovery in Lake Fure, Denmark. Journal of Ecology 96: 260-271.

[144] Sand-Jensen K, Søndergaard M. 1981. Phytoplankton and epiphyte development and their shading effect on submerged macrophytes in lakes of different nutrient status. Internationale Revueder gesamten Hydrobiologie und Hydrographie 66: 529-552.

[145] Sands D C, Georgakopoulos D G. 1991. Simulation of epiphytic bacterial growth under field conditions. Simulation 56: 295-301.

[146] Santegoeds C M, Schramm A, de Beer D. 1998. Microsensors as a tool to determine chemical microgradients and bacterial activity in wastewater biofilms and flocs. Biodegradation 9: 159-167.

[147] Saralov A, Galyamina V, Belyaeva P, Mol'kov D. 2010. Nitrogen fixation and denitrification in plankton and periphyton of the Kama River Basin watercourses. Inland Water Biology 3: 112-118.

[148] Schreiber F, Polerecky L, de Beer D. 2008. Nitric oxide microsensor for high spatial resolution measurements in biofilms and sediments. Analytical Chemistry 80: 1152-1158.

[149] Smoot J C, Langworthy D E, Levy M, Findlay R H. 1998. Periphyton growth on submerged artificial substrate as a predictor of phytoplankton response to nutrient enrichment. Journal of microbiological methods 32: 11-19.

[150] Song G, Liu S, Kuypers M, Lavik G. 2013. Anammox, denitrification and dissimilatory nitrate reduction to ammonium in the East China Sea sediment. Biogeosciences 10: 6851-6864.

[151] Song Y Z, Wang J Q, Gao Y X, Xie X J. 2014. The physiological responses of *Vallisneria natans* to epiphytic algae with the increase of N and P concentrations in water bodies. Environmental Science and Pollution Research DOI: 10. 1007/s11356-014-3998-x.

[152] Sorensen J, Jorgensen T, Brandt S. 1988. Denitrification in stream epitlithon: seasonal variation in Gelbaek and Rabis Baek, Denmark. FEMS microbiology letters 53: 345-353.

[153] Spilling K, Titelman J, Greve T M, Kühl M. 2010. Microsensor measurements of the external and internal microenvironment of fucus vesiculosus (phaeophyceae). Journal of Phycology 46: 1350-1355.

[154] Sultana M, Asaeda T, Azim M E, Fujino T. 2010. Morphological responses of a

submerged macrophyte to epiphyton. Aquatic Ecology 44: 73-81.

[155] Tang W Z, Cui J G, Shan B Q, Wang C, Zhang W Q. 2014. Heavy Metal Accumulation by Periphyton Is Related to Eutrophication in the Hai River Basin, Northern China. PLOS ONE 9: e86458.

[156] Taylor T E, Bishop L P. 1989. Distribution and role of bacterial nitrifying populations in nitrogen removal in aquatic treatment systems. Water Research 23: 947-955.

[157] Teissier S, Torre M. 2002. Simultaneous assessment of nitrification and denitrification on freshwater epilithic biofilms by acetylene block method. Water Research 36: 3803-3811.

[158] Toet S, Huibers L H, Van Logtestijn R S P, Verhoeven J T A. Denitrification in the periphyton associated with plant shoots and in the sediment of a wetland system supplied with sewage treatment plant effluent. Hydrobiologia 501: 29-44.

[159] Tonkin J, Death R, Barquin J. 2014. Periphyton control on stream invertebrate diversity: is periphyton architecture more important than biomass? Marine and Freshwater Research 65: 818-829.

[160] Tóth V R. 2013. The effect of periphyton on the light environment and production of *Potamogeton perfoliatus* L. in the mesotrophic basin of Lake Balaton. Aquatic Sciences 75: 523-534.

[161] Trimmer M, Nicholls J C. 2009. Production of nitrogen gas via anammox and denitrification in intact sediment cores along a continental shelf to slope transect in the North Atlantic. Limnology and Oceanography 54: 577.

[162] Triska F J, Oremland R S. 1981. Denitrification associated with periphyton communities. Appl Environ Microbiol 42: 745-748.

[163] Vadeboncoeur Y, Devlin S P, McIntyre P B, Vander Zanden M J. 2014. Is there light afterdepth? Distribution of periphyton chlorophyll and productivity in lake littoral zones. Freshwater Science 33: 524-536.

[164] Vadeboncoeur Y, Steinman A D. 2002. Periphyton function in lake ecosystems. The Scientific World Journal 2: 1449-1468.

[165] Van Dijk G M. 1993. Dynamics and attenuation characteristics of periphyton upon artificial substratum under various light conditions and some additional observations on periphyton upon Potamogeton pectinatus L. Hydrobiologia 252: 143-161.

[166] Van Luijn F, Boers P, Lijklema L. 1996. Comparison of denitrification rates in lake sediments obtained by the N_2 flux method, the ^{15}N isotope pairing technique and the mass balance approach. Water Research 30: 893-900.

[167] Van Zuidam B G, Cazemier M M, van Geest G J, Roijackers R M, Peeters E T. 2014. Relationship between redox potential and the emergence of three submerged macro-

phytes. Aquatic Botany 113：56-62.

［168］Veraart A J，de Bruijne W J，de Klein J J，Peeters E T，Scheffer M. 2011. Effects of aquatic vegetation type on denitrification. Biogeochemistry 104：267-274.

［169］Wahl A. 2005. A short history of electrochemistry. Galvanotechtnik 96：1820-1828.

［170］Wang Y，Li Z，Zhou L，Feng L，Fan N，Shen J. 2013. Effects of macrophyte-associated nitrogen cycling bacteria on denitrification in the sediments of the eutrophic Gonghu Bay，Taihu Lake. Hydrobiologia 700：329-341.

［171］Weisner S E，Eriksson P G，Graneli W，Leonardson L. 1994. Influence of macrophytes on nitrate removal in wetlands. Ambio. Stockholm 23：363-366.

［172］Well R，Buchen C，Eschenbach W，Lewicka-Szczebak D，Helfrich M，Gensior A，Flessa H. 2014. One method is not enough todetermine denitrification in a Histic Gleysol following different grassland renovation techniques in Northwest Germany. Geophysical Research 16：40-76.

［173］Wu Y，Xia L，Yu Z，Shabbir S，Kerr P G. 2013. *In situ* bioremediation of surface waters by periphytons. Bioresource Technology 151：367-372.

［174］Xu K，Zhang L，Zou W. 2009. Microelectrode study of oxygen uptake and organic matter decomposition in the sediments of xiamen western bay. Estuaries and Coasts 32：425-435.

［175］Yan J，Liu J，Ma M. 2014. In situ variations and relationships of water quality index with periphyton function and diversity metrics in Baiyangdian Lake of China. Ecotoxicology 23：495-505.

［176］Zhang X F，Mei X Y. 2013. Periphyton response to nitrogen phosphorus enrichment in a eutrophic shallow aquatic ecosystem，Chinese Journal of Oceanology and Limnology 31：59-64.

［177］Zhao D，Liu Y P，Fang C，Sun Y M，Zeng J，Wang J Q，Ma T，Xiao Y H，Wu Q L. 2013. Submerged macrophytes modify bacterial community composition in sediments in a large，shallow，freshwater lake. Canadian journal of microbiology 59：237-244.

［178］Zhong J，Fan C，Liu G，Zhang L，Shang J，Gu X. 2010. Seasonal variation of potential denitrification rates of surface sediment from Meiliang Bay，Taihu Lake，China. Journal of Environmental Sciences 22：961-967.

［179］董彬，陆全平，王国祥，毛丽娜，林海，周锋，魏宏农 . 2013. 菹草（*Potamogeton crispus*）附着物对水体氮、磷负荷的响应 . 湖泊科学，25：359-365.

［180］何聘，任丽娟，邢鹏，吴庆龙 . 2014. 沉水植物附着细菌群落结构及其多样性研究进展 . 生命科学，26：161-168.

［181］纪海婷，谢冬，周恒杰，冷欣，郭璇，安树青 . 2013. 沉水植物附植生态学群落研究进展 . 湖泊科学，25：163-170.

［182］连光华，张圣照 . 1996. 伊乐藻等水生高等植物的快速营养繁殖技术和栽培方法 . 湖泊科

学，8：11-16.

[183] 罗岳平，李益健，谭智群.1996.细菌和藻类的粘附行为及其生态学意义.生态学杂志，15：55-61.

[184] 娄焕杰，王东启，陈振楼，李杨杰，蒋辉，许世远.2013.环境因子对长江口滨岸沉积物反硝化速率影响.环境科学与技术，36：114-118.

[185] 刘凯辉，张松贺，吕小央，郭川，韩冰，周为民.2015.南京花神湖3种沉水植物表面附着微生物群落特征.湖泊科学，27：103-112.

[186] 刘伟龙，胡维平，谷孝鸿.2007.太湖马来眼子菜 *Potamogeton malaianus* 生物量变化及影响因素，生态学报，27：3324-3333.

[187] 刘洋，刘琳，邹媛媛，宋未.2009.与植物联合的细菌生物膜及其形成机制的研究进展.自然科学进展，19：896-905.

[188] 钱宝，刘凌，肖潇，陈立尧.2013.环境微界面对湖泊内源磷释放的影响研究.水利学报，44：295-301.

[189] 秦伯强，宋玉芝，高光.2006.附着生物在浅水富营养化湖泊藻-草型生态系统转化过程中的作用.中国科学C辑：生命科学，36：283-288.

[190] 秦伯强，高光，朱广伟，张运林，宋玉芝，汤祥明，许海，邓建明.2013.湖泊富营养化及其生态系统响应.科学通报，58：855-864.

[191] 苏胜齐，沈盎绿，唐洪玉，姚维志.2001.温度光照和pH值对菹草光合作用的影响.西南农业大学学报，23：532-534.

[192] 苏胜齐，沈盎绿，姚维志.2002.菹草着生藻类的群落结构与数量特征初步研究.西南农业大学学报，24：255-258.

[193] 宋玉芝，黄瑾，秦伯强.2010 附着生物对太湖常见的两种沉水植物快速光曲线的影响，湖泊科学，22：935-940.

[194] 宋玉芝，秦伯强，高光.2007.附着生物对太湖沉水植物影响的初步研究.应用生态学报，18：928-932.

[195] 宋玉芝，秦伯强，高光.2009.附着生物对富营养化水体氮磷的去除效果.长江流域资源与环境，18：180-185.

[196] 宋玉芝，秦伯强，高光，罗敛聪，孟芳.2007.附着生物对沉水植物伊乐藻生长的研究.生态环境，16：1643-1647.

[197] 宋玉芝，杨旻，杨美玖.2014.氨氮浓度对附植藻类在菹草上定植及演替的影响.农业环境科学学报，33：375-381.

[198] 宋玉芝，赵淑颖，黄瑾，汤祥明，高光，秦伯强.2013.太湖水体附着细菌和浮游细菌的丰度与分布特征.环境工程学报，7：2825-2831.

[199] 唐陈杰，张路，杜应旸，姚晓龙.2014.鄱阳湖湿地沉积物反硝化空间差异及其影响因素研究.中国环境科学，34：202-209.

[200] 王国祥，濮培民，黄宜凯，张圣照 . 1999. 太湖反硝化、硝化、亚硝化及氨化细菌分布及其作用 . 应用与环境生物学报，5：79-83.

[201] 王建军，沈吉，张路，刘恩峰 . 2009. 湖泊沉积物-水界面氧气交换速率的测定及影响因素 . 湖泊科学，21：474-482.

[202] 王锦旗，郑有飞，王国祥 . 2013. 菹草种群内外水质日变化 . 生态学报，33：1195-1203.

[203] 王文林，刘波，韩睿明，范娴，王国祥 . 2014. 沉水植物茎叶微界面及其对水体氮循环影响研究进展 . 生态学报，34：6409-6416.

[204] 王文林，万寅婧，刘波，王国祥，唐晓燕，陈昕，梁斌，庄巍 . 2013. 土壤逐渐干旱对菖蒲生长及光合荧光特性的影响 . 生态学报，33：3933-3940.

[205] 王永平，朱广伟，洪大林，秦伯强 . 2013a. 太湖草、藻型湖区沉积物-水界面厚度及环境效应研究 . 中国环境科学，33：132-137.

[206] 王永平，朱广伟，洪大林，秦伯强 . 2013b. 太湖草/藻型湖区沉积物-水界面环境特征差异 . 湖泊科学，25：199-208.

[207] 王智，张志勇，张君倩，闻学政，王岩，刘海琴，严少华 . 2013. 两种水生植物对滇池草海富营养化水体水质的影响 . 中国环境科学，33：328-335.

[208] 吴丰昌，万国江，黄荣贵 . 1996. 湖泊沉积物-水界面营养元素的生物地球化学作用和环境效应Ⅰ. 界面氮循环及其环境效应，矿物学报：403-409.

[209] 魏宏农，潘建林，赵凯，李旭光，王国祥，傅玲，李振国 . 2013. 菹草附着物对营养盐浓度的响应及其与菹草衰亡的关系 . 生态学报，33：7661-7666.

[210] 徐徽，张路，商景阁，代静玉，范成新 . 2009 太湖梅梁湾水土界面反硝化和厌氧氨氧化 . 湖泊科学，21：775-781.

[211] 谢贻发，李传红，刘正文，陈光荣，雷泽湘 . 2007. 基质条件对苦草 Vallisneria natans 生长和形态特征的影响 . 农业环境科学学报，26：1269-1272.

[212] 张俊 . 2014. 苦草生理生长对太湖底质的响应研究 . 生态科学，33：361-365.

[213] 张来甲，叶春，李春华，宋祥甫，孔祥龙 . 2013. 不同生物量苦草在生命周期的不同阶段对水体水质的影响 . 中国环境科学，33：2053-2061.

[214] 张亚娟，刘存歧，张晶，王军霞 . 2014. 附着物对菹草光合作用速率的抑制效应 . 环境科学研究，27：86-91.

[215] 赵琳，李正魁，周涛，吴宁梅，叶忠香，刘丹丹 . 2013. 伊乐藻-氮循环菌联用对太湖梅梁湾水体脱氮的研究 . 环境科学，34：3057-3062.